裝修0經驗也看得懂，第一次裝修免心慌！

91道 QA詳解裝潢工程疑難大小事！

室內裝修基礎課

INTERIOR

DECORATION

BASIC

GUIDEBOOK

東販編輯部　著

目錄

Chapter

2 地板

空間設計暨圖片提供｜
ST DESIGN STUDIO

空間設計暨圖片提供｜ Thinking Design 思維設計

空間設計暨圖片提供｜構設計

空間設計暨圖片提供 | ST DESIGN STUDIO

空間設計暨圖片提供｜實適空間設計

天花

你家要做天花板嗎？如果只是爲了視覺上的美觀，這筆費用值得花嗎？全面解析天花板的設計、施工大小事，解決屋主對天花設計的各種疑難問題。

空間設計暨圖片提供｜構設計

空間設計暨圖片提供｜時空間設計

別因天花設計犧牲屋高，影響空間感

為了講求美觀、視覺整齊、遮蔽樑柱、讓空調與管線隱藏，大多數屋主裝修時會選擇採用天花板設計，藉此來達到視覺平整、美化空間目的。然而裝修過程中木作、水電及油漆工程環環相扣，一個步驟沒做好，就可能造成天花板下陷、產生裂縫等問題，為了未來日後維修方便、堅固耐用及整體視覺效果，施工細節與施工順序要特別謹慎注意。

空間設計暨圖片提供｜ST DESIGN STUDIO

常見裝潢用語

・吊隱式空調

將冷氣機體藏在天花板裡面，只留下通風口，相較於傳統冷氣，視覺上會美觀許多，出風口也可做分散配置，讓冷氣出風更平均分散至各個角落。吊隱式空調機體藏在天花板裡，雖說不易堆積灰塵，但事後的清潔、保養與維修會比傳統冷氣麻煩。

・壁掛式空調

壁掛式冷氣是將冷氣機體直接安裝在牆面，是最普遍選用的冷氣類型，機體裸露在外，視覺上較不美觀，但施工、維修、保養及清潔相對來得方便許多，且安裝時不需特別降低天花板，施工價格比吊隱式空調便宜。

・間接照明

通常會請木作師傅在天花板上製作可隱藏燈具的燈盒，再將日光燈及燈座安裝在燈盒裡，藉此將燈具隱藏起來，視覺上顯得俐落美觀，而且由於光源直接打向天花板，透過折射效果可讓光線更顯柔和，除了氛圍的營造，也經常用來製造放大空間效果，缺點是容易堆積灰塵，要勤於清潔打掃。

・角材

用來做為結構，或是做為內在骨架，常見角材有柳安木角料、集層角材，過去角材多為木材質最怕潮濕，現今有防潮效果極佳的 PVC 仿木角材可取代，易產生濕氣的浴廁天花結構，便很適合使用，而且 PVC 仿木角材除了防潮功能，防腐、防蟲效果也比木角材來得更好。

造型設計

Type 1 · 平頂天花板

平頂天花板是最基本的天花板設計，視覺上就是平平的天花板。平釘天花板價格較低，不過由於天花設計通常會搭配嵌燈，為了埋入燈具挖洞費用會增加。若想增添更多線條變化，或營造歐式華麗感，可在平釘天花板四周加線板，不過如此一來費用也會增加。

空間設計暨圖片提供｜構設計

Type 2 · 造型天花

造型天花主可用來隱藏冷氣出風口、管線或遮蔽難看的樑柱，但更多是為了製造空間亮點目的。施工過程是先以木作架構出弧型或框型造型，再於表面黏貼裝飾材或塗料，為了達到更出色的視覺效果，造型愈複雜，施工愈複雜且困難，還需考慮結構承重問題，造價當然相對昂貴。

空間設計暨圖片提供｜一它設計

Type 3 · 間接照明天花

所謂間接照明天花，即是在天花四周安排燈光，讓光源向上打，藉此來拉高天花高度製造空間寬闊感。可讓天花有更豐富變化，同時又達成遮蔽天花電線、樑柱，與營造空間氛圍目的，不過容易堆積灰塵且不易清理，確定設計前可能要考量清理便利性。

空間設計暨圖片提供｜一它設計

裝潢施工材料

天花板材料種類繁多，應從防火、防水、強度以及是否健康環保幾個標準來做挑選，建議仍以常見使用材料為主，以免因過於獨特，造成後續施工、維修的困難。

Material 1.矽酸鈣板

由石英粉、矽藻土、水泥、石灰、紙漿、玻璃纖維等材料，經過製漿、成型、蒸養等程序製成的輕質板材。具有優良防火，防潮，隔音，防蟲蛀，耐久性，重量輕施工方便，但要特別注意勿與氧化美板混淆。

隔音	防火	防水
有	有	強

Material 2.石膏板

石膏板是一種板狀建材，以專用紙包覆石膏而成，為增加板材強度及防火性，有時會添加玻璃纖維、蛭石等材料，可配合輕鋼架或木骨架成為天花或牆壁，並有各種不同厚度可供使用需求挑選。

隔音	防火	防水
無	有	強

Material 3.塑膠 PVC 板

主要成份為 PVC 也就是聚氯乙烯（Polyvinyl Chloride，縮寫 PVC），具有防水、不易發霉特性，因此經常用於容易產生水氣的區域，像是廚房、衛浴空間，價格便宜、施工簡單，但塑膠感強，視覺比較不美觀。

隔音	防火	防水
有	無	強

Material 4.礦纖天花板

礦纖天花板主要材料為高級岩綿，具防火、防水特性，施工、保養容易，常見使用於明架天花板，不過防水效果較差，不建議使用在易產生水氣的區域，因其吸音特性，可讓環境達到良好的隔音效果。

隔音	防火	防水
有	有	差

施工流程

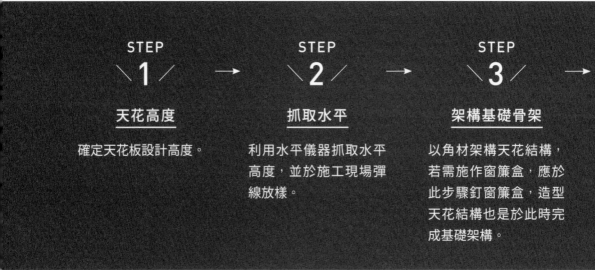

STEP
1

天花高度

確定天花板設計高度。

STEP
2

抓取水平

利用水平儀器抓取水平高度，並於施工現場彈線放樣。

STEP
3

架構基礎骨架

以角材架構天花結構，若需施作窗簾盒，應於此步驟釘窗簾盒，造型天花結構也是於此時完成基礎架構。

施工重點

重點 1：預留維修孔

裝潢完成居住後，可能會需要更換燈飾、加裝空調，又或者需進行更換、維修，因此在天花封板時，一定要規劃預留維修孔，如此一來不需拆除天花裝潢，便可在未來進行後續更換、維修。

重點 2：木作角材應挑選抗潮防蟲

台灣氣候多雨且潮濕，為了預防潮濕、發霉問題，天花木作角材選擇相對重要。除了從預算、需求面來做考量，材料的材質挑選最好具備抗潮、防腐、防蟲特性，尤其是易產生水氣的浴室，一定要採用抗潮角材。

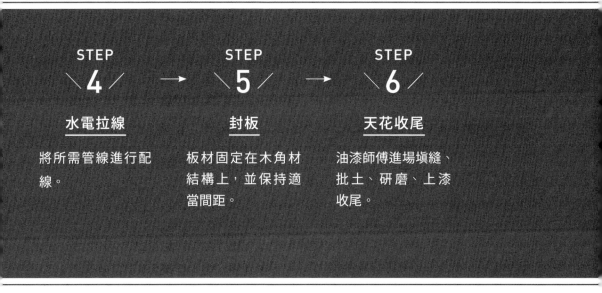

STEP

\4/   →   \5/   →   \6/

水電拉線   封板   天花收尾

將所需管線進行配   板材固定在木角材   油漆師傅進場填縫、
線。   結構上,並保持適   批土、研磨、上漆
               當間距。   收尾。

重點 3：板材間預留縫隙

天花基礎架構完成後,便會開始進行電線、冷氣機的安裝配置,最後再以常見使用於天花的矽酸鈣板進行封板,封板時板材與板材間需預留溝縫間距,這是為了預防因熱脹冷縮造成互相擠壓,導致天花龜裂,至於板材間的間距,後續會進行填縫處理。

重點 4：樓板高度決定天花板施作方式

並不是所有空間都適合施作天花設計,在夾層屋或樓板高度過低的空間,施作天花反而會造成壓迫感,若要隱藏管線、樑柱等需做天花,可透過局部天花設計,或規劃間接照明方式,巧妙隱藏管線同時維持既有高度,若遇橫樑問題建議可融入收納櫃設計藏於櫃內。

實例應用

空間設計暨圖片提供｜ Thinking Design 思維設計

木皮天花包樑藏線，美觀又實用

原始空間有大樑橫亙，樑下高度僅剩 220cm，爲了削弱厚重樑體的存在感，利用木作天花包覆，先以角材打造結構，並倒出斜角，緩和大樑銳利的直角感受，盡可能推高天花的視覺。而樑下安排能坐著使用的書房與沙發，即便天花低也沒關係。天花內部再順勢安排電線走位藏起線路，不僅具有美化空間效果，還兼具實用機能。

弧形天花搭配燈帶，
削弱大樑厚重感

原始玄關與餐廳上方橫亙厚重大樑，樑下高度分別僅有 210 與 230cm，入門就顯壓迫，爲了削弱大樑沉重感，以弧形天花包覆修飾，柔順的線條軟化空間氛圍，中央則維持平頂天花，盡量拉高空間，而弧形天花邊緣刻意拉出 10cm 寬的間接照明，打造燈帶洗牆，模糊大樑線條。順應禪風調性，從牆面到天花塗覆樂土，質樸自然的紋理與暖灰色調，創造禪風的安定寧靜氛圍。

空間設計暨圖片提供｜一它設計

空間設計暨圖片提供 | 欣琦翊設計有限公司 C.H.I. Design Studio

杉木天花平鋪延展，延伸視覺

這是位於山中的房子，以自然元素為發想，延伸金、木、水、火、土的五行作為靈感來源。客餐廳天花引入「木」元素，在無大樑阻礙的優勢下採用平頂天花鋪陳，表面貼覆杉木木皮並染深，長形木皮以1/3 交丁拼貼延伸視覺，展現天花磅礡氣勢，杉木的明顯木節帶出生動自然紋理，沉穩的木色則為空間注入寧靜安定氣息。靠窗處天花與牆面略微脫縫，安排間接光源，便能沿窗形成燈帶，以柔順的弧形光帶勾勒出躍動的空間線條。

空間設計暨圖片提供 | Thinking Design 思維設計

倒 L 型天花，全面遮蓋樑柱

餐廚區原始天花有大小錯落的樑，再加上一旁的牆面也有厚重柱體，為了讓空間線條更平整，安排整面木作從天花延伸到牆面，倒 L 型的設計巧妙遮掩樑柱，視覺更顯俐落乾淨。表面貼覆栓木木皮，橫向與斜向錯落的木紋能豐富視覺不單調，中央特意留出溝槽，不僅增添造型之美，也讓不同方向的木皮能各自在溝槽處收邊，施工更方便簡單。

空間設計暨圖片提供｜一它設計

天花以線板滾邊，創造英倫風調性

老屋屋高較低，爲了拉高空間視覺，順應沙發與電視牆上方大樑，安排天花包覆，巧妙隱藏樑體存在，中央則依照原始高度鋪陳平頂天花，避免過於低矮，平頂天花採用懸浮設計，同時在底面塗佈黑色，透過加深陰影創造立體懸浮效果。拉出 12cm 寬的間接照明，在以英倫風格定調的空間中，沿著間照邊緣鑲上線板，彰顯歐式復古氣息。

融入圓形意念，
以弧形天花包樑

客、餐廳有兩根大樑橫亙空間，在以復古元素爲設計主軸下，融入圓形意念，將大樑包覆修飾，隱藏尖銳邊角，邊角順勢修圓，利用可彎板拉出弧形角度，讓空間更爲柔順平滑。同時以平頂天花鋪陳全室，拉高空間高度，嵌入嵌燈照明，搭配白色玻璃吊燈輔助，讓空間色系顯得一致。一側則內藏吊隱式空調設備，並在電視機上方安排風口，有效避開直吹頭頂的區域。

空間設計暨圖片提供｜拾隅空間設計

空間設計暨圖片提供｜欣琦翊設計有限公司 C.H.I. Design Studio

寬窄合板拼貼，
創造視覺律動

原始屋高超過 3 米，在充裕的挑高
條件下，順著樑下平釘天花，展現
遼闊開放的天花感受。由於採用有
節理的胡桃木地板，爲了不讓空間
視覺過於複雜，天花表面貼覆色調
單一的合板，具自然木色卻不過於
搶眼，也能呼應引自然入室的主題。
合板特地訂製寬窄不一尺寸交錯拼
貼，透過線條變化創造躍動視覺感
受，卽便色系單一也不顯呆板。安
排軌道燈協助照明，可自由變換方
向的設計，有效照亮全室。

大樑順圓包覆，
輔以燈帶柔化空間

這是一間能作爲客房與父母泡茶的茶
室空間，面積小又有大樑壓迫，原始
樑下高度僅有 311cm，又矮又有壓迫
問題。爲了更顯開闊，天花沿大樑包
覆，同時邊角修圓潤飾，優美柔順的
線條降低直視尖角壓迫感。在施工上
以角材建構圓弧角度，再採用可彎板
塑型貼覆，表面塗漆美化。樑體邊緣
順勢留出燈帶，巧妙以光源勾勒空間
線條，營造溫潤的光影變化。

空間設計暨圖片提供｜拾隅空間設計

空間設計暨圖片提供｜拾隅空間設計

弧形天花，豐富空間視覺

在全開放的空間中，從玄關到客廳鋪陳木質天花，有助引導視覺向外延伸，空間感更爲開闊。選用輕淺的栓木木皮，在全白空間中更添清新的溫潤質感。木天花採用弧形設計能柔化空間，再加上表面以 1/3 交丁拼貼木皮，具有律動的線條能讓視覺更爲豐富不呆板。暗藏間接照明的設計，隱約露出的溫暖光源也爲空間注入寧靜安定的氛圍。

回歸天花單純設計，展現極簡現代線條

在這個空間裡天花沒有太多樑柱，因此天花採用平頂天花，來強調視覺上的俐落平整，爲了隱藏吊隱式機，位於書房區的天花下降約 30 ～ 40cm，由於並非是走動頻繁的區域，加上開放格局與優良的採光條件，因此在空間裡活動並不會有壓迫感。

空間設計暨圖片提供｜構設計

錯落高低天花設計，
巧妙隱藏樑柱

由於有幾根大樑橫亙天花，若天花高度一致便會過低，因此採漸近式手法巧妙將大樑柱包進天花裡，並搭配嵌燈規劃來維持天花舒適高度，唯一的吊燈則安排在餐桌上方，如此一來即便餐區天花略低，但行走在空間裡卻不受到影響，帶有華麗造型元素的燈具，更成為空間視覺焦點。

空間設計暨圖片提供｜構設計

空間設計暨圖片提供｜一它設計

H 型鋼、不鏽鋼浪板架構屋頂

頂樓屋頂由雙斜屋頂改為單斜，並加開圓形天窗，讓光線可以大量湧入，視覺也向上延伸，即便在頂樓也不狹窄，更重要的是多了夜景欣賞，空間更舒適自得。屋頂以 H 型鋼為結構，外層鋪上不鏽鋼浪板，內部安排隔熱棉，具有隔熱、隔音機能。圓窗則選用 1cm 厚膠合玻璃，邊緣搭配不鏽鋼收邊，再以矽利康密合，達到防水效果。

Q & A

Q1

天花除了木作，還有哪些工程要進行？

　　若原始空間就有天花板，此時必然要拆除天花板，而有拆除工程就會衍生出清運木材廢料工程。在天花骨架完成後，接應的管線安排，如：冷氣空調安裝前的冷氣管空調用電線、冷氣排水管，以及天花板燈具電線，皆需由水電來進行線路規劃，也就是水電工程。另外由於天花板燈具若採用嵌燈設計，在水電工程前，要先做好嵌燈數量、位置等照明計畫，若預計安裝分離式冷氣，也要在天花板施作前計畫好冷氣盒位置以利後續的結構加固。

　　當管線都安排好天花封板前，要將剩下的消防設備如：消防探測器、瓦斯探測器等，拉到指定位置，消防灑水管加加長或改短，可由水電或消防廠商來施作。在天花封板後，最後油漆師傅進場，進行補 AB 膠、批土、油漆等工作，完成天花板工程。

空間設計暨圖片提供｜ Thinking Design 思維設計

天花施工時通常會有多種工程進行，最重要的是要安排好工程先後順序，以免耽誤工程進度。

№2

天花用的是矽酸鈣板，表面可以直接貼裝飾材料嗎？

　　矽酸鈣板主要原料是石英粉、矽藻土 等、水泥、石灰、紙漿、玻纖、石棉等，表面光滑且有粉末，因此並不適合在未經任何處理前就直接黏貼任何裝飾材。一般施作方式，多是先在矽酸鈣板表面塗刷油漆，或者加上一層夾板之後，再來貼裝飾材，而常見黏貼的裝飾材有美耐板、木皮和鏡面等。

　　矽酸鈣板雖然大多是用來做為底材，但仍有推出不種紋理、厚度可供選擇，若是空間風格強烈、有個性，其實可以挑選喜好的板材紋理直接使用，如此便可不用再做加工，裸露出矽酸鈣板，凸顯板材原始紋理質感，營造出獨特的空間風格。

№3

為什麼天花板會出現裂痕？

　　天花板封板時，板材與板材之間會刻意預留縫隙，這是為了預防熱脹冷縮導致互相推擠，一舨預留合理縫隙大約是 2～6mm，不過若只留到 2mm，後續在進行填縫時會比較不好施作。當板材固定好，接下來就要在板材間的間隙填入 AB 膠，施作方式通常是第一次填入 AB 膠後，等 AB 膠乾了，再填入第二次，確認第二次的 AB 膠已經硬化才可以批土，然後再塗上油漆。會出現龜裂，有可能是一開始施工就沒有預留間隙，或者是在進行填縫時施工過程沒做確實，導致天花板出現不該有的裂痕。

空間設計暨圖片提供｜拾隅空間設計

Q 4

如果預算不夠想省錢，可以不做天花板嗎？

天花可將凌亂難看的管線完全藏隱，若預算不夠，施作平頂天花，便可兼顧省錢與美化目的。

　　房屋裝修不論新屋還是舊屋，都可能會水電新配拉線，很多線路像是冷熱水管、網路、冷氣管線、消防灑水管等，會經由樓板往牆面走或者直接垂下，於是佈滿管線的樓板頂，就需要天花板將雜亂的線路做好隱藏與修飾。有些屋主想省裝潢費用，便有不做天花省錢的想法，但不管不做天花是否真能省錢，建議先從該不該做天花評估。

　　屋頂不平整、樑柱較多的高樓屋頂，會建議作天花封頂，因為整平天花不易，樑柱較多視覺上也不美觀。屋況較好的房子，可選擇不做天花，裸露在外的管線會以拉明管方式解決，管線無從隱藏，因此反而更需要細心規劃好管線走向，而且為了讓管線看起來比較美觀，施工相對比較費時費工，整個費用最後算下來其實不見得會比施做天花便宜。

　　若真想從天花節省費用，建議天花不要做太多造型，選擇基本且價錢較低的平頂天花，或部分空間施作天花，像是客廳、廚房這類管線多，或需招待客人的公共區域施作天花設計即可，臥房、書房等私領域，光源要求不多，且通常沒有太多管線經過，可省略不做天花。

Q5

不做天花，露出來的管線怎麼美化？

　　有些屋主爲了節省預算，而選擇不做天花，加上近幾年工業風的流行，也讓很多人開始選擇不做天花設計，但此時沒有了天花板隱藏，裸露出來的管線會以拉明管方式施作。

　　然而管線雖然外露，但居家空間仍要顧及美觀，所以通常會先依個人喜好或空間調性來選擇使用壓條、PVC 塑膠管，或金屬 EMT 管，來達成視覺與風格要求，接著便透過將電線集中在管內，以明管方式在天花拉管，這種施作方式需事前規劃好線路走向，雖說沒有規則可循，但建議還是盡量簡潔，避免過於雜亂，且最好不要有過多彎曲造型，因爲走明管很考驗施作師傅功力，不熟練的師傅可能影響施工速度與最後成果美醜，相較於藏在天花板裡，明管拉管反而花費時間，費用也會因此增加，最後可能高出施做天花，所以若以省錢爲目的，最好評估過再考慮是否施作。

空間設計暨圖片提供｜構設計

爲了顧及美觀，通常會先依個人喜好選擇使用壓條、PVC 塑膠管，或者金屬 EMT 管，就管線外觀做美化，可與天花漆上相同顏色淡化存在感。

Q 6

做天花的隔音和隔熱效果
比不做天花好嗎？

做天花對隔音有用嗎？施作天花對於隔音效果還是有效的，只要確定封板時板材有確實釘好，對於隔音仍有一定效果，想更強調隔音可在天花裡面裝隔音棉，隔音效果會更好，在有水管經過的區域最容易聽到流水聲，可先在水管外面貼一層膠帶，做為第一層阻隔噪音，之後天花加裝隔音棉，最後再確實封板，如此一來便能達到較好的隔音效果。

至於隔熱效果，如果採用有隔熱效果的板材可能可以達到部分隔熱效果，但熱氣並非只來自天花，所以隔熱效果有限。住在頂樓的屋主，有效隔熱的方式，應是在外部施作隔熱手段，如頂樓地板選擇具隔熱功效的地磚等建材，或使用隔熱漆等，效果會來得較為明顯。

Q 7

事後想在天花吊掛重物，
可以嗎？會有承重問題嗎？

天板最常見以矽酸鈣板和石膏板做底材，由於這兩種材質皆是以粉末及細纖維組合而成，材質脆硬釘子難以咬合，所以並不適合直接在板材上釘釘子吊掛重物。

一般來說，若想在天花懸掛燈具等重物的話，應該要在施作天花前就做好規劃，如此一來，在進行天花工程時，木作師傅就會預先在規劃吊掛位置的板材後面加設角材，釘子便可以固定在角材上增加承重力。

常常聽到在天花包樑，這是什麼意思？

　　居家裝潢時為了省錢，天花設計可省去不做，但裸露出來的電線管路該如何隱藏呢？此時便有人採用俗稱包樑、包管的做法，來達到修飾目的。

　　天花板設計是以角材做出架構後，再用板材封板，把管線隱藏在天花裡，視覺看起來天花相當平整。包樑、包管則是只針對裸露出來的管路、電線來進行局部包覆隱藏，完成後視覺上看起來像是多了一根樑柱，或者是採取管線延著樑柱走，再以木作包覆，看起來樑柱會略為粗一點，但管線可以收得很乾淨，同時又能維持天花原始高度，費用比施作天花便宜，施工相對簡單，唯一要特別要求是施工水平的精確度，小心別失去水平讓樑柱看起來歪斜。

　　若是牆面樑柱包管，建議可與收納做結合，既可增加收納空間，又能完美隱藏樑柱，也可再貼飾裝飾材轉移視覺焦點等設計手法來美化、虛化室內樑柱。

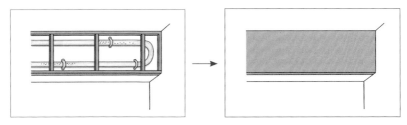

若不想做天花，可選擇讓管線延著樑柱走，將管線包在樑柱裡。包管雖會增加樑柱一些厚度，但卻能完美隱藏管線。

Q-9

不同國家出產的矽酸鈣板，品質和價格有很大差異嗎？

　　目前台灣市面上使用的矽酸鈣板大多來自日本和台灣，少量來自中國，市面上最常見的是淺野和麗仕這兩個日本品牌，其中麗仕有分台灣麗仕和日本麗仕，訂購時或看估價單時最好確認清楚，以免認知有落差，至於國產常用矽酸鈣板品牌為南亞。

　　就板材品質來看，日本品質最佳，台灣居中，中國產的品質略差，價錢上日本同樣高於台灣，若有預算考量，可以考慮使用有一定品質的南亞製矽酸鈣板。其實挑選板材除了要從產地來做挑選外，更重要的是要注意是否是不含石棉的安全建材，選用不含石棉產品，才不會對身體造成傷害。

Q-10

如果做天花板，空間原始高度會差很多嗎？

　　如果只是單純將管線、冷氣機體隱藏，加上約 5cm 角材，天花高度約會往下降 12 ～ 15cm，但若是想將天花樑柱一併包進天花裡，此時就要根據樑柱的大小決定天花板會降低多少，一般常見樑柱約有是 30 ～ 40cm，要全部包到天花裡面，高度一定會降低更多。

　　一般來說，為了不讓人在空間裡有壓迫感，屋高至少要有270cm 左右，以此回推原始屋高最好至少要有 300cm 以上，才不致於在做了天花板之後感到空間變得低矮；而有些屋高本來就過低，或者是夾層屋型，就不建議施作天花，以免屋高變得更低，太有壓迫感。

Q11

天花使用的嵌燈有哪些尺寸？

空間設計暨圖片提供｜構設計

嵌燈的尺寸、數量，可依屋主需求規劃，嵌在天花裡的設計，也能讓空間看起來更俐落。

嵌燈一般常見尺寸有 7cm、7.5cm、8cm、8.5cm、9cm、10cm 等，尺寸大小沒有限制，尺寸大小及數量多寡，主要是依屋主需求，及希望呈現空間氛圍為挑選原則，例如：空間裡想打亮的重點愈多，嵌燈數量就可多規劃一些，開孔小的嵌燈，營造出來的光線氛圍比較細膩，而易有水氣的浴廁區域及戶外空間，應選擇有防水功效的嵌燈款式為佳。

除了數量、尺寸考量，天花裝設嵌燈最要注意的是燈具散熱問題，因為燈具是嵌在天花板裡，安裝時要預留散熱空間，如果有管線經過，散熱空間最好多留一點，挑選嵌燈時，建議先確認天花內深，再來選擇燈具尺寸。另外，在燈具舊換新時，要記得將原有嵌燈取下，丈量嵌入孔大小而非燈具，以免買到尺寸不適合的燈具。

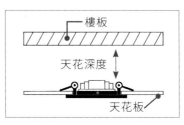

需預留散熱空間。

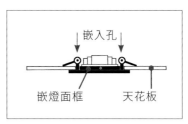

購買嵌燈時要量嵌入孔大小。

Q12

矽酸鈣板有不同款式可選擇嗎？

在進行居家裝潢時，矽酸鈣板多是拿來做為底材使用，因此大多會選用外觀簡單的素面矽酸鈣板，之後再塗上油漆，或者貼飾裝飾材。其實除了做為底材外，矽酸鈣板還有多種不同應用方式，因此在市面上可以看到有多種不同款式的矽酸鈣板，除了最基本的顏色差異，有的板材表面還有不同紋理，甚至有仿木、仿石材等款式，而這類有紋理，或者有著特殊花紋的矽酸鈣板，其實很適合不再做後續加工裝飾直接使用，藉由刻意裸露板材原始紋理與質感，增添空間吸睛元素。

Q13

什麼是輕鋼架天花？居家空間能用嗎？

輕鋼架天花和木作天花最大的不同，在於骨架使用材料不同，輕鋼架使用的是輕鋼架，而木作天花使用的是木角料。輕鋼架材質為金屬，因此不用擔心有白蟻蛀蟲問題，施工速度快速，最重要的一點就是具耐火特質，不過若想做造型天花，輕鋼架因塑型困難，施工難度反而更高。

輕鋼架天花最常見於辦公室或展場空間，若想在運用在居家空間也是可以的，不過輕鋼架天花會依組構方式，分成明架天花與暗架天花，兩種方式會呈現出不同視覺效果，可先進行了解再來做適合的選擇。

Q 14

常見天花板使用哪些板材？

目前最常見使用於天花板的板材有矽酸鈣板、礦纖板、石膏板以及 PVC，最爲普遍使用的是矽酸鈣板，爲了達到防潮避免發霉目的，易產生水氣區域則多採用 PVC，礦纖板隔音與隔熱效果高，但價錢略高使用上較不普及，其中石膏板價錢較低，隔音、防水效果也還可以。

種類	重量	價位	隔音	隔熱	防水
矽酸鈣板	中	中	低	低	強
石膏板	重	低	中	低	中
礦纖維板	中	高	強	高	低
PVC	低	中	中	中	強

Q 15

天花施作的水電、木作和油漆師傅順序誰先？

天花板工程的順序最容易搞錯的是木作和水電，其實一開始應由架構天花基礎骨架的木作進場，由木作師傅以角材搭構出天花雛型後，接著便會由水電進場，進行管路、電線的配置，甚至是冷氣空調機體的位置安排，也會在此時確定，之後再由木作師傅再次在機體位置，以角材做承重加強，然後才釘上板材封板，此時天花板已算完成，最後才由油漆師傅接手，主要的工作就是填縫、批土然後油漆。

Q16

什麼是明架天花和暗架天花？

　　明架天花和暗架天花，和一般天花最大的差異是使用材質不同，一般常見天花施作是以木角料做骨架，而明架和暗架天花骨架，則是採用輕鋼架角材，然後根據板材組裝放置位置，會再分成明架天花和暗架天花。

　　明架天花板是先以輕鋼架角材做出基礎骨架，再將板材放置在骨架上，從外觀可清楚看到天花板骨架故稱爲「明架天花板」，施工快速但美觀不足，不過板材直接放置於骨架上，拿取容易且便於更換、維修天花板裡的管線或設備，因此很常見於商空、辦公室等空間。

　　和明架天花相反，暗架天花板骨架隱藏在板材後面，所以只能看到封板的板材看不到骨架，較注重視覺美觀的地方，如大廳或大型集會場所，多會採用暗架天花，不過因爲暗架天花板材皆需與骨架鎖固，所以事前要預留維修孔以便後續進行維修。

	施工速度	維修性	價格
明架天花	快	高	低
暗架天花	較慢	低（需預留維修孔）	高

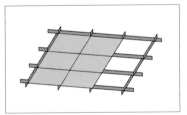

暗架天花視覺上美觀許多，且板材與骨架鎖固，較爲穩固。

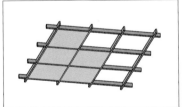

明架天花施工快速、便宜又好維修，因此很常見使用於商空以及辦公室。

Q17

什麼是間接照明天花？和層板燈一樣嗎？

空間設計暨圖片提供｜構設計

間接燈光可展現柔和的光線，同時亦有引導往上延伸視覺功用。

　　所謂的間接照明，是指燈具不直接將光線投向被照射物，而是將光源打向牆壁、鏡面或地板造成反射，從而營造出柔和、見光不見燈的照明效果。柔和的光線可讓居家空間變得沉穩，讓人置身其中能有沉澱、放鬆的感受，而燈具不外露，更能將空間線條化繁為簡，製造出乾淨俐落效果，有人將之稱為層板燈，這是因為間接照明燈具常見隱藏在層板後面。

　　間接照明設計一般最常見被運於天花板設計，但其實這樣的設計手法並不拘限只能用在天花板，因為這種照明設計，除了可滿足空間裡的光源需求外，藉由不同光源的規劃，可讓空間更具層次，因此也可見規劃在地板、收納層板，甚至是樓梯等區域。

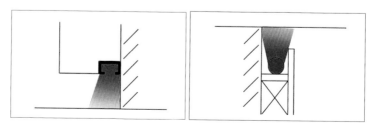

間接照明可規劃在天花、地板，由於多隱藏在層板後面，也有人稱為層板燈。

Q18

氧化鎂板和矽酸鈣板有什麼不同？不能用氧化鎂板替代矽酸鈣板嗎？

氧化鎂板和矽酸鈣板都是居家裝修常用的建材，兩者都具耐燃特性，但氧化鎂板因爲不吸水，容易受潮並產生水漬，板材受潮就容易引起龜裂問題，身處氣候潮濕的台灣，並不適合使用氧化鎂板，相較於氧化鎂板，矽酸鈣板吸水快也乾得快，且質地輕盈，是比較適合拿來使用的建材。

過去常發生以氧化鎂板取代矽酸鈣板問題，這是因爲氧化鎂板裁切容易，師傅在施工時會比較方便且快速，加上價格又比矽酸鈣板便宜，因此就會以氧化鎂板做取代。兩者在外觀上不易區別，建議施工前先做確認，一般在板材背面通常會明確標示板材名稱、產地、品牌及厚度等資訊，依據標示資訊確認卽可。

Q19

如何確定適合哪一種天花做法？

天花做法百百款，如何確定該做哪一種？首先要先來了解天花幾種做法，一種是封天花板，這種做法可將天花所有缺點，包含樑柱、不平整問題全都包起來，視覺上相當平整美觀，一種是局部包樑，這是只針對樑柱包覆，因是局部施作不會對整體空間高度有影響。再來就是不做任何修飾、封板，讓管線以明管方式排列在天花上。根據以上幾種常見天花做法，再來對應你的原始空間條件、預算、空間風格，最後再加入個人喜好與需求，便可較爲快迅且明確知道適合哪一種做法。

	天花封板	包樑設計	天花板露出明管
視覺美感	較爲美觀且平整，還可內嵌燈光。	可修飾樑柱，但若原始天花不夠平整，美感會扣分。	需特別挑選水管材質，走線也需特別設計才會好看。
施工	木作施工快迅，但與水電工程重疊，要安排好進場順序。	只有局部木作施工，施工快速。	需事前計劃好走線，且最好找比較有經驗的師傅，做起來會比較好看。

Nº20

隔間和天花板，哪個要先做？

　　不管是先做隔間牆還是先做天花板，對於施工影響並不大，唯一差異就是完工後的隔音效果和穩定效果。一般來說，先做隔間牆再做天花隔音效果比較好，如果先做天花板再做隔間牆，會導致聲音在天花和隔牆的縫隙間傳遞，如此一來並無法達到隔音效果。先做隔牆再做天花，不只可阻絕聲音互相傳遞，還可達到隱定隔牆效果，減少隔牆可能倒塌危險。

　　除了施工順序外，在進行拆除工程時也經常遇到天花、隔牆到底哪個要先拆的問題，拆除正常流程順序應該是由上而下、由內而外，所以應該是先拆除天花再來拆隔牆，不過若是隔牆一開始就沒有做到原始樓板，那麼這時拆除順序就應該顛倒過來，先拆隔牆再拆天花，否則隔牆可能會因為失去頂部支撐而有倒塌危險。

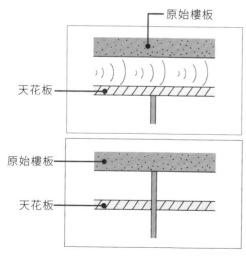

原始樓板

天花板

隔牆沒做到原始樓板，聲音會互相傳遞，沒有隔音效果。

原始樓板

天花板

隔牆做至原始樓板，不只隔音效果好，隔牆也會更穩固。

地板

磁磚、木地板、水泥粉光，地板材質種類
這麼多，哪種最適合自己家？集結並解析
不同地板材質與施工，深入了解優缺點，
找到符合風格與預算的最好選擇。

空間設計暨圖片提供 | 拾隅空間設計

空間設計暨圖片提供｜一它設計

選對地板材，讓家的風格更到位

地板佔據空間最大面積，因此材質的選用對型塑空間風格有其重要性。在符合預算前提下，地板材質的挑選、應用，應以居家風格做為基準，藉以架構出基礎框架，再利用家具、色彩，來完成理想居家。不同材質對應不同施工方式，原始地板狀況更直接影響到施工效果與費用，所以地板材質的選用，除了風格之外，原始地板狀況亦是屋主應考量的重點。

空間設計暨圖片提供｜構設計

常見裝潢用語

・交丁

磚頭或磁磚疊放、拼貼的意思，這種拼法可用於地面或壁面，並藉由材料對齊位置不同展現不同視覺效果，如1/2拼，對齊的點為前一排的1/2處，1/3拼，對齊的點為前一排的1/3處。

・打底

也就是所謂的「粗胚打底」又稱「打粗底」也可簡稱為打底，是指將地壁磚全部拆除之後，將地壁凹凸不平的地方以水泥砂漿整平，是影響後續施工的重要基礎工程。

・膨拱

常見於地板磁磚，主要是因為磁磚鋪貼時使用水泥漿，水泥孔隙裡存有水分與空氣，兩者受溫差導致熱脹冷縮時，需從磁磚縫隙排出，若伸縮縫預留不足，就可能發生膨拱，因此天氣溫度極端時，最容易發生膨拱。

・見底

通常磁磚牆貼法順序是，磚牆、水泥、磁磚，見底的意思就是將磁磚、水泥都拆除只留磚牆，如此一來可評估磚牆狀況是否良好，若有發生問題便可在水泥工程時，請師傅一併做補救處理。

地板材質種類

Type **1** · 木地板

溫潤質感踩踏時不會有冰冷感，視覺上能營造出溫馨、溫暖氛圍。可分為實木地板、海島型木地板和超耐磨木地板，基於台灣氣候、預算與事後保養便利性，目前最多人採用超耐磨木地板。

空間設計暨圖片提供 | 拾隅空間設計

Type **2** · 磁磚

地板使用率最高的建材之一保養、清潔容易、種類選擇多元，除了花色、尺寸差異，依據材質有陶質磚、石質磚、瓷質磚，施工方式、時間略有不同，費用上也有落差。在居家裝潢時，除了依空間風格挑選磁磚，針對不同空間的功能性，應選用適當的磚材。

空間設計暨圖片提供 | 構設計

Type **3** · 水泥

過去水泥只是建築的一種材料，但近年使用水泥不再做裝飾，儼然成為一種居家風格。不過看似簡單的水泥粉光，易受原料品質、空間條件、施工經驗等因素影響，呈現出不同的色澤及手感紋路。

空間設計暨圖片提供 | 一它設計

空間設計暨圖片提供 | 庵設計

Type **4** · 塗料

水泥粗獷、質樸質感雖然受歡迎，但起砂、龜裂問題卻為人詬病，因此可創造出與水泥有相同效果的優的鋼石、萊特水泥、磐多魔等塗料，便成了最佳替代品。塗料施工時可不打掉原始地材，且施工完成後防水不易龜裂，保養相對簡單容易。

裝潢施工材料

鋪設於地面的建材，最怕潮濕問題，因此挑選時首重是否抗潮，另外地板因經常踩踏，所以對於其耐磨程度，也是評估重點。

Material 1. 實木地板

天然木材加工處理後製成條狀或塊狀，以鋪設在地面的建材。保有原始木材紋理，比人造木素材更具變化，有良好保溫、隔熱、隔音等效果但怕潮濕，易因濕氣導致脹縮變形，濕氣較高的地方不建議使用。

優點	缺點
· 觸感較好 · 溫濕度調節佳 · 會散發木素材天然香味	· 價格昂貴 · 怕潮濕 · 不耐磨，易刮傷

Material 2. 海島型木地板

由表面的實木皮，結合耐水夾板結合成型，比實木地板抗潮性佳，且不易翹起、變形，相當適合台灣、日本這類較為潮濕的海島氣候國家，故被稱為「海島型木地板」，表面實木皮根據厚度可分為薄皮與厚皮，厚皮的價錢比薄皮高。

優點	缺點
· 抗潮、不易變形、翹起 · 價格低於實木地板 · 擁有如實木紋理與溫潤質感	· 易留下刮痕 · 拼接處溝縫，不易清理容易卡污 · 表皮厚度不夠或膠合不良，木皮會剝離

Material 3. 超耐磨木地板

因使用材料為木屑，在環保意識較強烈的歐美國家相當盛行，耐磨程度優於實木和海島型木地板，價錢相對便宜，保養簡單方便，雖與實木質感有差，但逐漸被國人接受，成為居家裝潢時採用的建材選項。

優點	缺點
· 耐磨、耐括 · 防蟲、防潮 · 價格較便宜	· 表面紋路不自然 · 沒有實木觸感 · 踩踏時會有浮動感

Material 4. 釉面磚

在磚體上淋上釉，讓磁磚能夠抗酸、抗鹼，增加磁磚耐用度，並藉由在釉料裡加入色料，可延伸出各種豐富的圖案、色彩變化，像是常見的木紋磚、大理石磚等，都是釉面磚的一種。

優點	缺點
·花色豐富多變 ·可抗酸、抗鹼 ·好清理	·使用在經常走動的區域，容易破裂 ·耐磨度較拋光磚差

Material 5. 通體磚

亦可稱爲無施釉磚，就是不在磚材上淋釉，整塊磚材爲一個顏色，且因成分單純質地相當堅硬，雖說視覺上略爲單調，但適合應用在經常走動、踩踏的區域，如：商場、走道。

優點	缺點
·穩定度高 ·質地堅硬 ·耐用	·顏色單調 ·表面粗糙、不平整

Material 6. 拋光磚

通體磚的一種，是將通體磚表面打磨至光亮的磚，保有通體磚堅固特性，表面卻相當平滑、漂亮，經過打拋過的拋光磚，仍會有細微孔洞，若有液體灑在磚材上，應立刻擦拭，避免滲入磚材孔洞形成髒污。

優點	缺點
·質地堅硬 ·耐磨 ·外觀較好看	·不耐髒 ·容易吃色

Material 7. 水泥

水泥是一種建築材料，與水混合後凝固硬化，過去多是在水泥混入砂礫，做爲黏合磚塊的黏合劑，現在則會將水泥當成裝潢建材使用在地坪、牆面等區域。

優點	缺點
·可展現空間強烈風格 ·具天然獨特紋理	·會龜裂 ·起砂 ·無法控制紋路

Material 8. 磐多魔

磐多魔原文為 PANDOMO，可使用於地面、牆面甚至於天花板，以水泥為基材，施工完成面看起來平滑，除了色彩可任意調配外，還可加入石頭，呈現出類似磨石子地板效果。

優點	缺點
· 施工快速、施工期短 · 呈現無接縫地坪效果 · 抗污耐髒	· 有吃色問題 · 不耐刮 · 需定期保養

Material 9. 優的鋼石

以水泥為基底，加上德國生產的母料的一種塗料，施作方式以鏝刀一層一層塗抹，抗壓、耐括、耐重壓，完成之後可呈現無縫地坪效果，可施作在水泥面、磁磚和木板上。

優點	缺點
· 不易因熱脹冷縮產生裂縫 · 抗壓強度高 · 耐刮、耐重壓	· 費用較高 · 不建議做在濕區

Material 10. EPOXY

主要成分為環氧樹脂，並以固定比例混合母劑及硬化劑調製而成，帶有彈性，不像水泥粉光會龜裂、起砂，施工快速且價格便宜，常見使用於停車場、商空，或者室外空間。

優點	缺點
· 有多種顏色可挑選 · 抗龜裂、不會起砂 · 成本低廉	· 不耐括 · 不耐高溫 · 怕潮濕

木地板施工流程

STEP
\\ 1 /

原始地板狀態確認

確認施工區域是否乾淨平整，若有漏水、磁磚、地板隆起，需先行處理。

↓

STEP
\\ 2 /

鋪設木地板

選擇適合的鋪設方式，開始鋪設木地板。

- 平鋪 -	- 直鋪 -	- 架高 -
1. 鋪一層防潮布。 2. 鋪一層泡棉墊。 3. 釘合 12mm 夾板做底板後，鋪木地板。	1. 確認地面平整，高低落差在 3mm 以下。 2. 鋪一層防潮布。 3. 鋪一層泡棉墊。 4. 鋪設木地板。	1. 以防腐角材做底座，在角材上鋪設夾板。 2. 鋪一層防潮布。 3. 鋪設木地板。

施工重點

重點 1：預留伸縮縫

木地板鋪設時與牆面之間要預留伸縮縫，這是為了預防熱脹冷縮導致地板發生膨拱，待鋪設完成後可以矽利康、收邊條或踢腳板進行收邊即可。另外，板材與板材之間不可接太緊，這會導致兩塊板材互相磨擦而在踩踏時發出聲響。

重點 2：確認地面含水量

木地板最怕水，為了延長地板壽命，鋪設木地板前應該先確認地面含水量。一般來說，剛鋪完的水泥地板，約需一個月養護期，水份才會蒸發到安全濕度，之後才能開始鋪木地板。

重點 3：最後再鋪設

在進行裝潢工程時，現場會有工程人員施工，且經常有人進進出出，因此在不影響工程流程前提下，最好將鋪木地安排在最後進行，以免施工過程中不小心損壞。

重點 4：預留門的高度

一般來說，鋪設木地板前，門片多已安裝好，因此鋪設木地板時記得預留可讓門片順利開啟的空間，門片底部高度在扣除地板完成面後，至少還要距離 5 ～ 10mm，預防若門片不夠垂直，在開闔門片時刮到木地板。

重點 5：原始地坪需整平

在鋪木地板之前，確認原始地坪狀況動作特別重要，不論是否是打至見底或直接鋪在磁磚地面上，都要確認地板是平整的，高低落差太大，就要花費時間讓地坪水平一致，平整度沒做好，未來可能因不夠平整導致踩起來發出聲音。

磁磚施工流程

STEP

\ 1 /

確認原始地板狀態

確認施工區域是否乾淨平整，若有漏水或磁磚、地板隆起時，
則需先行處理。

↓

STEP

\ 2 /

鋪設磁磚

根據磁磚種類，採用適合的方式鋪磁磚。

- 軟底施工 -	- 硬底施工 -
1. 施工區域地板噴濕，保持地面濕潤。	1. 地板表面清理乾淨。
2. 水泥與沙子以比例 1：2.5 混合均勻，攪拌成泥漿。	2. 水泥與沙子混合均勻，攪拌成泥漿。
3. 水泥漿抹在地板上，抹平厚度約 3cm。	3. 泥漿抹在施作區域地面，等待 2～3 天讓施作面乾燥。
4. 泥漿水份略乾，鋪上磁磚並以榔頭木柄輕敲，至磁磚完全黏著。	4. 磁磚背面抹上黏著劑，並輕敲磁磚直到磁磚緊密貼合於地面。
	5. 以濕海綿將多餘的水泥漿擦拭乾淨，隔日再以填縫劑將磁磚間縫隙填滿。

施工重點

重點 1：磁磚尺寸對應施工法

地磚在尺寸上有相當多選擇，然而也因為尺寸的不同，在工法上也有差異，其中簡分為軟式、硬底，軟式工法磁磚尺寸大小最好小於 50×50cm，硬式工法則適吸水率較高且尺寸不要太大的磁磚。

重點 2：挑選適合的黏著劑

過去鋪貼地磚時，磁磚背後多是以水泥漿做為黏著劑，現今材料較為進步，建議可以塗上易膠泥或其他黏著劑，讓磁磚能與底下的水泥砂面結合度更好，也可避免日後產生膨拱。

重點 3：注意紋路方向

一般地磚表面會有紋理，除了需要特別對花的磁磚，磁磚在進行鋪貼時，為了讓視覺更為美觀，也應注意磁磚的紋理方向，避免方向不一致，看起來太過雜亂。

重點 4：磁磚鋪貼順序

一般在牆面與地面最常見鋪貼磁磚，鋪貼順序會建議先貼壁磚再鋪地磚，因為先鋪地磚會需要 2 ～ 3 天凝固才能踩壓，如此便會影響後續工班進行。牆面工程先進行，則是因為壁磚施工較地磚工期長，磁磚黏著劑及髒汙，可能在施工時滴落，造成後續還需注意地面整潔。

重點 5：預留洩水坡

在廚房、衛浴、陽台等會用水的區域時，一定會做洩水坡，鋪設磁磚時，採用硬底施工時，若洩水坡度沒抓準後續便無法再調整，磁磚鋪貼上去後，容易出現高低不平

水泥地坪施工流程

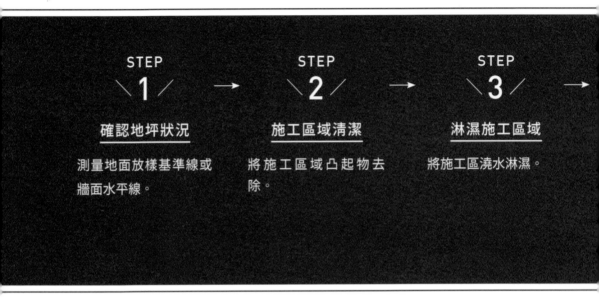

STEP 1 確認地坪狀況
測量地面放樣基準線或牆面水平線。

STEP 2 施工區域清潔
將施工區域凸起物去除。

STEP 3 淋濕施工區域
將施工區澆水淋濕。

施工重點

重點 1：粗底確實整平地坪

粗胚打底是水泥粉光的基礎，若想要水泥粉光的地坪看起來平整漂亮，就看粗底有沒有做好，沒有做好，地面會呈現波浪狀，後續無法再做修補，因此在進行打粗底時，要確實將地面所有凹凸不平的地方做好整平、填補相當重要。

重點 2：水泥砂漿比例要對

水泥粉光施工時，會在粗胚打底和表面粉光時使用水泥砂漿，粗底時水泥和砂的比例爲 1：3，而在進行表面粉光時砂愈細，愈能呈現如絲滑般的表面，因此事前要先以網篩過濾掉顆粒較大的砂粒。

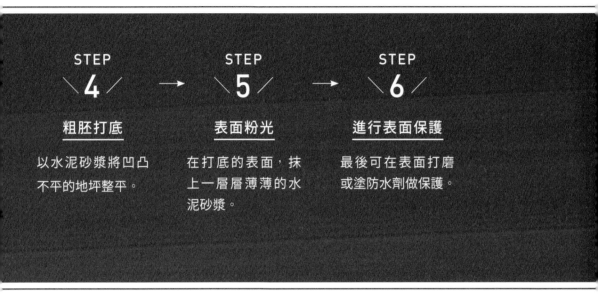

STEP 4

粗胚打底

以水泥砂漿將凹凸不平的地坪整平。

STEP 5

表面粉光

在打底的表面，抹上一層層薄薄的水泥砂漿。

STEP 6

進行表面保護

最後可在表面打磨或塗防水劑做保護。

重點 3：水泥需養護期

當水泥粉光完成後，接下來就是靜待水泥自然乾躁，等待過程中要固定澆水做養護，因為一旦缺水水泥表面可能因失去水份產生裂痕，其中前 7 天的保濕、保溫養護特別重要，通常整體養護天數建議約 14 ～ 21 天。

重點 4：表面保護

有時為了防止龜裂，以及後續使用清理便利，會在水泥粉光地坪完成後，鋪一層環亞樹脂或使用撥水漆，環亞樹脂施工時若厚度不一時，顏色會有深淺落差，施作時要特別注意。

```
實例應用
```

空間設計暨圖片提供｜欣琦翊設計有限公司 C.H.I. Design Studio

水泥地坪手工抹面訂製，更顯自然

注入「五行」概念為設計發想，地面採用「土」元素為代表，全室以
藝術水泥鋪陳，無接縫特性讓客餐廳更顯開闊，本身中性灰的色調則
為空間帶入沉穩寧靜的自然氛圍。為了讓視覺更顯生動，水泥地板採
用多達 7、8 道複雜工序，以手工抹面打造深淺暈染效果，呼應獨一
無二的自然美景。為了確保效果，事先做好樣品再行施工。表面再塗
佈防護漆，能防刮、不起砂，有效保護地坪，事後維護更容易。

調整地面高度，
花磚、木地板平整俐落

屋主偏好清新淡雅色系，多半以全白、淺
灰為主色，為了避免空間過於單調，玄關
落塵區改以花磚鋪陳，特地選用簡約的幾
何造型，不過於花俏的圖騰符合清新調性。
而在老屋翻新的空間中，地面高度多半不
平整，先重鋪水泥整地，地面高度調整到
一致，再進行鋪設花磚與木地板，兩者銜
接處不放收邊條，事前計算好高度再嵌入
木地板，讓地面更為平整俐落。

空間設計暨圖片提供｜拾隅空間設計

魚骨拼花紋地板，重回復古氛圍

爲了賦予空間英倫經典風格，選用帶有魚骨拼花紋的超耐磨木地板鋪陳，覆蓋原本的磨石子地板，經典的歐式圖騰更有復古韻味。特地挑選具有深淺木紋的圖案，讓視覺更爲立體不呆板。50×90cm 的方形地板以卡扣接合拼組，由於 40 多年老屋空間並不方正，木地板距離牆面的縫隙寬窄不一，於是以矽利康收邊，在施工上更方便快速。

空間設計暨圖片提供｜一它設計

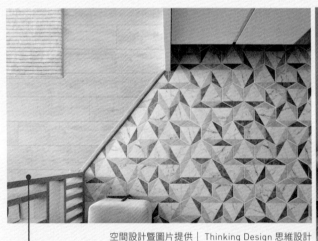

空間設計暨圖片提供｜Thinking Design 思維設計

斜切磁磚，擴大玄關範圍

爲了不帶入室外的灰塵泥沙，玄關多半會打造落塵區，採用復古花磚鋪陳地板，室內則改用木地板作爲區隔。木地板順應屏風切出斜邊，有效界定範圍，盡可能讓出更多空間給玄關使用，視覺上也不顯呆板。地板施工順序則是先鋪磁磚，再鋪木地板，兩者交界處以收邊條收整齊，讓線條更乾淨俐落。

空間設計暨圖片提供｜Thinking Design 思維設計

地板架高 12cm，書房兼遊戲室

考量到有在家工作的需求，再加上家有幼兒，利用架高地板劃分出書房空間，地板架高後也能當作小朋友的遊戲區，地面抬高的優勢能略為降低玩樂時踩踏的聲音，若有客人來訪，只要鋪上床墊，隨即能變身為臨時客房使用。地板抬高12cm 正好是一個階梯的高度，方便抬腿不受阻。

水泥地磚，打造實用落塵區

為了打造實用兼具設計的玄關落塵區，採用具有水泥粉光質感的地磚，中性色調奠定沉穩氛圍，選用表面帶有粗糙質地的磁磚，不僅維護保養更方便清理，也能強化落塵效果。室內則鋪陳特殊節理的胡桃木地板，自然清新的調性正好與周遭山林地景相呼應。木地板與磁磚有著 2.5cm 的高低差，有效隔水隔塵，同時拉出弧線造型，柔化空間線條。

空間設計暨圖片提供｜
欣琦翊設計有限公司 C.H.I. Design Studio

空間設計暨圖片提供｜欣琦翊設計有限公司 C.H.I. Design Studio

不鏽鋼條有效固定
圓弧磨石子地板

帶入與自然共生的概念，整體空間就地取材，選用當地磨石子建材鋪陳地板，與週遭環境相呼應。而在水泥灰的質樸色調中，特地挑選粉紅、橘色、橘紅，增添繽紛多彩跳色，視覺更顯活潑生動。磨石子地板利用特別訂製的不鏽鋼條作爲收邊，遇熱不易變軟，拉出圓弧造型也不變形，有效固定塑型，同時搭配胡桃木地板拼接，自帶明顯木節的紋理，更顯清新自然。

空間設計暨圖片提供｜
欣琦翊設計有限公司 C.H.I. Design Studio

牆地面磁磚對花對縫，
視覺更一致

衛浴採用全白手感磚鋪陳全室，爲了不讓視覺過於單調，局部運用復古花磚從洗手台地面延伸至淋浴間，在淨白的空間中豐富色彩的花磚更爲凸顯，形成搶眼的視覺重心。爲了強調牆面與地面連續性，牆地交界處特別注重對花、對縫，讓花色、磚縫對齊連貫不間斷，視覺更乾淨利落。

Q & A

Q1

小尺磚會比大尺磚省錢嗎？

磁磚是居家裝潢常用建材，磚材的大小、種類、材質都可能影響費用。

空間設計暨圖片提供｜Thinking Design 思維設計

　　挑選磁磚時，除了產地、品牌、材質、尺寸導致材料價差外，其實後續的施工以及使用量，對於最終的費用也有影響，因此屋主不應單就材料價格做為選用基準，而是要連同施工與使用數量一併做選用考量。

　　就施工面來說，師傅工資是以磁磚大小來計價，磁磚太大或太小費用通常比較高，因此建議最好使用常規尺寸，避免過大或過小，最常見的 25×25cm 磁磚，每坪約 NT$3700 左右，60×60cm 每坪約則約為 NT$3400，馬克磚每坪約是 NT$3000，若要設計圖案費用會更高。

　　另外，磁磚以片計價，空間則是以坪為單位，所以磁磚公司多有專門換算方式來協助計價，可請磁磚公司換算告知即可。大致上來說，比起小尺磚選用大尺寸磚費用會偏高，但由於磁磚的計價除了材料外，使用的磁磚種類、尺寸大小、應用空間，及施工難易度，都會影響最終費用，建議一起列入考量，才能得到更精準的費用評估。

Q2

原來地板嗎？
想換磁磚一定要拆除

　　雖然費用可能因此增加，但基本上比較建議拆到見底再來進行磁磚鋪設。主要是因爲磁磚表面光滑，且會有高低差，雖說覆貼新磁磚，師傅仍會先進行批土，並使用黏著劑黏合新磁磚，但使用時間久了，尤其是牆面可能因黏著度不足掉落，而且若是原始磁磚原本就有膨拱，就更容易導致新磁磚掉落，或是因踩踏而破裂。而且直接在舊磁磚覆貼新磁磚，牆面或地板厚度會增加，地面厚度增加可能高於門框、門檻，讓門無法順利開闔。

　　一般來說，若屋齡已經十幾年的老房子，建議拆到見底，因爲房屋原本使用年限已久，雖說磁磚表面可能並未出現滲水狀況，但房子有可能因爲地震等因素產生裂縫，導致防水層被破壞，尤其是浴室、廚房等用水區域，拆至見底不只可確保磁磚黏著、平整度，同時也可藉此機會檢查磚牆狀況，確認是否有滲水問題，若有滲水現象，便可於此時一併處理，不至於等裝潢完成了發現漏水又要拆掉重做。

空間設計暨圖片提供｜ST.DESIGN STUDIO

地坪鋪貼磁磚建議拆至見底，如此才能確保新貼地板磁磚平整度，減少磁踩踏碎裂發生。

Q3

地板材料要怎麼挑選？

　　隨著時代的進步以及居家審美觀的改變，現今應用在居家空間的地板建材，從常見的磁磚、木地板，到後來因工業風盛行的水泥粉光，以及從水泥粉光衍生出的磐多魔、優的鋼石、萊特水泥等替代塗料，市面上有愈來愈多地板材可供選擇，但如何從眾多選擇挑選適合的建材呢？建議可從風格和需求面向做挑選基準。

　　首先，需了解自己的居家空間風格調性，若是想呈現日系無印、北歐感，這類較為溫馨且明亮的空間感，地板適合選用木地板，木地板不只觸感溫馨，深淺木色也能進一步呈現更多不同氛圍變化，不過抗潮性差，建議可選用抗潮性較好的超耐磨木地板。在意清潔保養，且家中有飼養寵物的家庭，建議使用磁磚類建材，雖說觸感較冰冷，但清潔保養相當容易，而且除了花紋、尺寸有多樣性選擇外，還有仿大理石、仿木紋磚等款式，可做出更多視覺變化；喜歡國外粗獷或日本侘寂空間感，適合使用水泥粉光地坪，可呈現建材原始質感，但若擔心水泥粉光龜裂、起砂問題，可改用磐多魔、優的鋼石等塗料取代。

	木地板	磁磚	水泥粉光	塗料
特色	可營造居家空間溫馨感，觸感溫潤。	有多種花色、尺寸可挑選，還有霧面、亮面選擇，清潔保養簡單。	可呈現空間獨特風格，地坪無接縫，清理方便，但會龜裂、起砂。	常見用於地坪的塗料有磐多魔、優的鋼石，施工快速，但不耐刮。
鋪設區域	客廳、臥房，不適合鋪設在濕區。	室內、室外皆適合鋪設。	室內、室外皆適合鋪設。	不適合鋪設在濕區。
適合施工面	水泥、磁磚	水泥	混凝土、磚牆、空心磚牆	水泥、磁磚、木材面

Q4

木地板怎麼挑，海島型木地板、超耐磨木地板差別在哪裡？

　　木地板種類五花八門，除因木種不同會有紋路、色澤差異，依機能需求大致上可分為實木地板、海島型實木地板、超耐磨木地板、海島型超耐磨木地板。

　　實木地板吸音與隔音效果最佳，但因天然木材大小不同，裁出的木底板多為亂尺，保養較難也易出現蟲害。海島型實木地板是以夾板製成，內部為縱橫交錯的纖維，可避免實木地板可能因潮濕天候出現隆起，蟲害問題也較少，而且表面貼以實木皮又保留自然木質感，因此受到許多人青睞。超耐磨木地板是在松木塑合板貼上不同的美耐皿，品質穩定，防刮且易於清潔，使用卡扣拼接，不須打釘或上膠，也可保護原有地坪。海島型超耐磨木地板同樣以夾板製成，貼上美耐皿貼皮，價格比前三種都低廉，也耐刮不易變形，CP 值相對較高。

　　施工時建議實木地板、海島型木地板使用平鋪，超耐磨木地板使用直鋪。平鋪木地板除了和直鋪同樣先鋪上防潮布與靜音泡棉外，須額外再增加一片 12mm 夾板，但當地面不平整時，超耐磨木地板也須使用平鋪。

空間設計暨圖片提供│拾隅空間設計

木地板是受到喜愛的居家裝潢建材，其實除了用於地面，也可延伸至牆面、天花板、甚至床鋪。

Q5

水泥粉光地和磐多魔差在哪裡？

因為工業風的盛行，水泥粉光漸漸成為居家裝潢受到歡迎的建材之一，然而因為水泥會龜裂、起砂的問題，導致市面上出現了許多一樣可呈現水泥質感，但卻沒有龜裂、起砂問題的塗料，而最廣為人知與使用的磐多魔就是其中之一。

磐多魔是由德國公司研發出來的創意建材，可以呈現出和水泥粉光一樣無接縫的地坪特色，雖說不會有龜裂、起砂問題，但不耐刮、抗壓、會吃色，使用上需較為小心，顏色可有多種選擇，多數人皆是選用灰色來達到取代水泥粉光目的。

在施工部分，水泥粉光看似簡單，施工不會太難，但想呈現出好看的水泥粉光地坪，施工細節其實頗為講究，不過由於是依賴師傅手工施作，最後成果絕對是獨一無二，而且完成後不用特別小心維護。磐多魔施工期短，大約只需約 7 天就可完工。和水泥粉光相比磐多魔看似乎較佔優勢，但費用上高出水泥粉光許多，且除了平時使用要稍加注意，還要定期進行保養，因此若預算有限，或是有小孩、寵物的家庭，可能需多加考量。

空間設計暨圖片提供 | ST DESIGN STUDIO

水泥粉光 vs. 磐多魔比較表

	水泥粉光	磐多魔
硬度	強	中等
耐刮度	強	中等
價格	低	高
施工時間	約 1 個月（含養護時間）	約 7 天
後續保養	不需特別保養	需定期保養

水泥粉光是近幾年很受到歡迎的建材，除了可賦予空間獨特個性之外，實際使用時也無須小心翼翼。

Q 6

大理石看起來很高級，適合用在地板嗎？

　　大理石天然的紋理，不只相當吸睛，更能提高整體空間的大器、高級感，因此在進行居家空間裝潢時，是許多人很喜歡使用的建材之一。但相較於其它如磁磚、木地板等材質，保養上要比較注意，因為大理石為天然石材，具有毛細孔，若有髒污不立刻擦拭，石材便會吃色表面出現汙漬，而且為了維持大理石原始美麗的紋理色澤，需定期進行保養。

　　大理石雖然好看，但由於需要特別照顧，所以像是飯店、豪宅這種可請專人進行清潔保養的空間會比較適合，一般居家空間若想用在地板，可選用大理石磚替代，或著是使用在檯面，挑選石材時，建議挑硬度高、吸水率低的大理石種類。

Q 7

地板磁磚為什麼會突然爆裂、隆起？

　　通常是天氣溫度變幻大，因為熱脹冷縮導而導致磁磚突然隆起並爆裂。造成隆起大概有幾個原因，一個是因為磁磚間的縫隙預留不夠，有時為了視覺上的美觀，施工時會縮小縫隙，如此一來預留空間不足，磁磚便會因熱脹冷縮而隆起。另外一個原因，則是因為水泥、砂土比例沒有拿捏好，導致水泥黏著度不足，遇到氣溫劇烈變化時便容易隆起裂開。

　　遇到地磚隆起爆裂，事後修補首先要先確認是否留下磁磚，若不留下磁磚，則是要將隆起和沒隆起的磁磚全部清除重新鋪設，若想留下原始磁磚，則只清除掉隆起的磁磚然後重新鋪設，這樣工程比較簡單、快速，但缺點是其餘地磚未來可能也會發生爆裂、隆起問題。

Q-8

木地板鋪完後
爲什麼踩起來會有聲音？
如何減少地板踩踏產生的噪音？

　　雖不像實木地板爲天然木素材，但海島型木地板和超耐磨木地板等板材，仍因使用部分天然木材，因此和天然材質一樣，都有毛細孔，且會有吸濕膨脹的問題，因此在鋪設木地板時，牆面和地板之間，板材和板材之間都要預留縫隙，以預防日後木地板因氣候變化熱脹冷縮，板材互相推擠而導致踩踏時發出聲音。

　　除此之外，若鋪設地面有高低落差不夠平整，也會造成完成的木地板踩踏時發出聲音。這通常發生在沒有完全拆至見底，木地板直接鋪在磁磚地坪，解決方法就是先將地坪整平，減少高低落差。

　　除了因施工而造成木地板踩踏發出噪音外，其實一開始在選擇木地板時，就應該選擇膨脹係數較小的木地板，減少因受氣候影響發生熱脹冷縮現象，導致地板互相磨擦發出聲音，其中實木地板因含水量高，膨脹係數最高，再來則是超耐磨木地板，其中膨脹係數最低的是海島型超耐磨木地板。

Q-9

地板採用水泥粉光
會比較便宜嗎？

　　地板採用水泥粉光在費用上確實會比較便宜，因爲只要打至見底然後直接進行水泥粉光，後續不需再鋪貼磁磚、木地板等建材，可同時省下工和材料費用，整體費用自然比較便宜。其中要特別注意的是，水泥粉光計價方式，料和工通常是分開算，計價單位多以坪來計算，少部分會以「平方公尺」計算，估價時估價單要看清楚計價單位，目前地坪水泥粉光價格約爲 NT.$2500 ／坪，會因表層有沒有要再做打磨或其它處理，費用再往上加。

Q
10

木地板？

如何挑對適合我家風格的

　　　一般會選擇使用木地板，通常是希望呈現空間的溫暖調性，然而木地板紋路、色差、尺寸大小，會影響施作完成後觀感，因此除了就實木、超耐磨等進行挑選之外，還可根據以下幾個重點做挑選。

　　　首先從木地板紋理與色澤挑選，坪數較小的空間，會建議挑選木色偏淺，紋理多呈單一直線狀的板材，淺色可放大空間感，較單純的紋理，也可避免視覺上太過雜亂，深色木地板比較適合坪數大的空間，可以快速替空間帶來沉穩、溫馨感，也很適合搭配鮮明紋理的板材，豐富空間元素。木地板尺寸有寬窄之分，較長較寬可呈現空間放大、大器感，較短較窄的板材，視覺上會比較豐富。

　　　當板材選好之後，最後會影響視覺效果的還有木地板鋪貼方式，最常見以交丁貼（1/2 拼、1/3 拼）、平貼，這類貼法最簡單、快速，但若想利用板材做出變化，可採用人字拼、田字拼、魚骨拼，這種拼法會在地板形成特殊圖騰極具吸睛效果，但比較費工、費料。

空間設計暨圖片提供｜ ST DESIGN STUDIO

人字拼鋪貼出的完成面極具視覺效果，雖說比較損料，但隨著復古、工業風等風格的盛行也逐漸在台灣受到歡迎。

牆面

隔牆用來區隔空間，但隨著時間的進步演化，過去常見的磚牆、RC 牆漸漸被輕隔間取代，成爲最普遍的隔間方式，究竟其中有何差異？輕隔間眞的比較好嗎？本章將詳解各種隔牆優劣，分析施工重點。

空間設計暨圖片提供│構設計

空間設計暨圖片提供 ｜ Thinking Design 思維設計

拆之前先了解牆的功能，有些牆就是不能少

隔間牆不只是用來分割空間，劃分出不同生活區域，有些牆體更是承載了建築物重量，然而現今生活方式改變，很多屋主傾向拆除隔牆，打造更便於親人互動的開放式格局，但卻忽略了有些牆面不可拆除，甚至不能變更外型，若強行變更、拆除可能導致建築失去耐震度，更可能會有倒塌危險，因此了解牆體功能與其重要性，是在空間格局變更時必知的重點。

空間設計暨圖片提供｜拾隅空間設計

常見裝潢用語

·輕隔間

其前身是木作隔間，輕隔間以質量較輕的鋼架做為隔間骨架，再搭配板材拼接成的隔間牆。具防火性、施工迅速、比較環保，因此近幾年成為室內隔間普遍採用的工法之一。

·隔音量

牆的隔音效果，通常是以 dB（分貝）表示，例如 RC 牆的隔音量約為 50dB，隔音效果的優劣與隔牆材質有關，就幾種常見隔牆隔音效果來看，RC 牆最好，其次為磚牆，再來則是輕鋼架輕隔間和木作隔間。

·隔音棉

一種用來填充在輕隔間或木作隔間裡面，加強隔音效果的材料，通常兼具防火、斷熱、保溫功能，以 K 為單位，隔絕效果高低可從數值來判斷，數值愈高隔絕效果愈好，如：100K 隔絕效果優於 60K。

隔間形式

Type 1 · 實體隔間

這是最常見的一種隔間方式，主要是可依據空間功能屬性做出劃分，在隔牆完成後多會在表面進行油漆、壁紙等裝飾作業，施工方式除了傳統的磚牆、RC牆外，還可採用目前居家裝修常見的輕隔間，不只施工快速，不易污染施工現場環境，價格上也相對便宜。

空間設計暨圖片提供｜構設計

Type 2 · 半隔間

空間設計暨圖片提供｜ST DESIGN STUDIO

當屋主希望做出空間區域，又想維持開闊感時，大多會採用半隔間牆的方式，意思就是不將隔間牆做滿，這類隔牆通常也會被賦予除了隔牆以外的功能，如：電視牆、沙發背牆等，因此高度會做到約100cm，還有另一種做法，是在隔牆上半部採用玻璃材質，藉此既能保留開闊感，又能比單純的半隔牆更多了一點隱私性。

Type 3 · 玻璃隔間

居住在人口密集的都市，空間坪數通常不大、採光不足，為了改善這些問題，便會採用清透的玻璃來做為隔牆材質。為了居家安全著想，最好選用安全性佳的強化玻璃，想保留隱密性，可採用夾紗、長虹玻璃遮擋過於直接的視線，另外也常見以玻璃拉門形式取代，來增加空間使用彈性。

空間設計暨圖片提供｜ST DESIGN STUDIO

裝潢施工材料

在挑選隔間牆材料時，除了價格上的考量外，悠關居家安全的防火、防潮等特性，也是選用材料不可忽略的重點。

Material 1. 輕鋼架

通常使用輕質的鋼、鋁、鐵等材質來做為輕鋼架結構，這類材質與木角材相比不易變形，且耐火、防潮，也比較耐用。

Material 2. 板材

隔間牆會在骨架前後以板材封住，可運用的板材有：氧化鎂板、石膏板、矽酸鈣板、纖維板、纖維水泥板或木絲纖維水泥板。每種板材功隔音、防火功能性略有不同，可依需求選用。

Material 3. 白磚

使用於輕隔間隔牆的一種建材，全名為「ALC 輕質混凝土」也有人稱為輕質磚。白磚重量比混凝土和紅磚輕、價格低且施工快迅，完成面不需要粉光，可直接在表面進行油漆等作業。

Material 4. 玻璃

使用於隔間牆的一種材質，種類多元可根據想呈現的空間感與效果做選用。其中清玻最具穿透感可有效減緩封閉感，強化玻璃安全性最高，夾紗、長虹玻璃可兼具通透與隱密功能。

Material 5. 隔音氈

這是用來放置在輕隔間裡面，以加強隔音效果的產品，厚度有 1.2mm、2mm、3mmm 不等，隔音效果隨厚度有所差異，另外還具備防火、防水特性，搭配隔音板材使用效果會更好。

輕隔間施工流程

STEP

\ 1 /

施工面清潔

施工位置需先行清潔。

↓

STEP

\ 2 /

放樣

依設計圖將隔間於現場放樣，確認與圖面是否有異。

↓

STEP

\ 3 /

組成牆體骨架

以輕鋼架、木角料、角鐵材質組成隔牆基礎骨架。

- 輕鋼架隔間乾式 -	- 陶粒板牆隔間 -	- 木作隔間 -
1. 封板固定前可視需求，置入隔音、防火效果的岩棉、玻璃棉。 2. 表面批土並以砂紙打磨，確認平整且乾燥後，進行油漆、壁紙等作業。 **- 輕鋼架隔間濕式 -** 1. 封板固定並開孔。 2. 從孔洞灌入輕質水泥，並將洩出水泥清除乾淨。 3. 灌漿完成後，表面進行批土、油漆作業。	1. 陶粒板組裝固定於上下鐵槽。 2. 以蝴蝶夾及角尺前置水平調整及固定。 3 板材接縫處批土補平。 4 完成後即可直接批土油漆或貼磁磚。	1. 封板固定前可視需求置入隔音棉。 2. 骨架塗膠與釘槍配合加以固定，並封上面板。

施工重點

重點 1：等待水泥確實乾燥

濕式隔間在灌漿完成後，牆內水泥約需一周才會乾燥，待一周後要再確認是否完全乾燥，才能進行敲擊、批土以及油漆等工程，如果在水泥還沒乾就進行敲打，會導致水泥分化。

重點 2：水電配線預先做好

一般輕隔間牆會有二面封板動作，第二面封板即是要完成隔牆了，因此在封板前，就要做好水電配線，若採用是乾式工法，與此同時也要確認是否塞入隔音、防火等棉材。

重點 3：預留出線位置

由於水電配線最後會被封在輕隔間隔牆裡面，因此在第二面板材封板前，要記得事先框出插座、水電線路等出線位置，方便後續進行維修。

重點 4：需有吊車輔助搬運

陶粒板板材一般都是在工廠事先裁切好，相對於其它隔間板材，尺寸比較大，所以採用此種隔間法時，超過二樓以上，就會需要吊車來輔助搬運建材，預估費用時需注意是否有預列這項費用。

重點 5：使用防潮角材

木作隔間雖然有缺點，但居家裝修時仍有不少人使用木作隔間，針對木材質易有蟲害、不耐潮問題，如今已有免受蟲害且耐潮的防腐角材，來取代過往的木材質角材，而且因不易受潮特性也能解決因受潮導致變形問題。

白磚隔間施工流程

STEP **1** → STEP **2** → STEP **3** →

準備專用黏著劑

準備砌牆專用黏著劑。

放樣註記

依設計圖將隔間於現場放樣，以便後續砌牆。

裁切磚材

白磚依照現場牆面尺寸裁切適當大小。

施工重點

重點 1：採用黏著性佳的漿料

在砌牆時磚和磚之需依靠漿料來黏著，然後慢慢砌成一個牆面，在使用漿料時，用量不可過於節省，以免黏性不足，而且也要採用黏著性比較好的漿料，避免因黏著性欠佳，導致在牆面完成後，造成磚體交接處有開裂問題。

重點 2：固定鐵片不能省

在磚材逐漸堆疊砌成一面牆時，磚和磚之間除了會以黏著劑做黏著外，施工師傅會在兩塊磚之間使用鐵件做暫時固定，雖然只是一個小動作，但若省略沒做，也可能導致磚牆完成後出現裂痕。

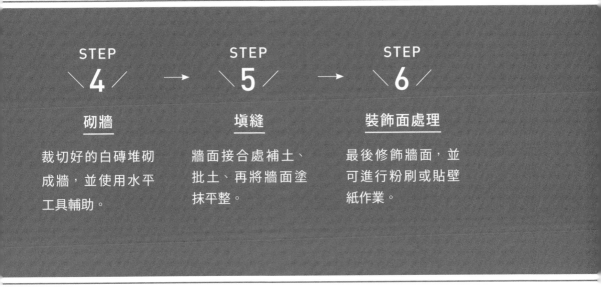

STEP
4 → STEP
5 → STEP
6

砌牆

裁切好的白磚堆砌成牆，並使用水平工具輔助。

填縫

牆面接合處補土、批土、再將牆面塗抹平整。

裝飾面處理

最後修飾牆面，並可進行粉刷或貼壁紙作業。

重點 3：乾燥前小心碰撞

當白磚牆完成之後，其實黏著磚體的黏著劑仍未完全乾燥，在等待乾燥時，應小心避免人員碰撞，因此時磚牆還不穩固，若受到外力很容易歪斜，通常需待約 24 小時之後，才能進行後續表面裝飾作業。

實例應用

石皮、石板牆面，乾掛大理石施工

在沉穩現代的氛圍定調下，電視牆面選用深灰色的石板拼接，局部點綴同色系的石皮，展現原始粗獷的自然樸實。牆面事先進行石材分割計畫，確認施工位置，由於石板與石皮較爲厚重，安排固定掛件，以乾式大理石工法施工。而一整片石皮本身厚度就不一致，在乾掛的過程中，注意採用上厚下薄的方式，以免石皮過於突出容易撞到。而視聽設備的收納層板則在表面貼覆薄片石材，延續自然的石材元素，整體視覺更同調。

空間設計暨圖片提供｜Thinking Design 思維設計

圓拱電視牆嵌燈帶、導內斜，視覺更立體

英倫風為空間底蘊的基礎下，客廳電視牆採用圓拱設計注入
歐式宮廷氛圍，強調復古質感。利用曲板彎出造型再導出內
斜，讓拱型更有立體感，邊緣特地留出燈帶洗牆，打造如同
壁爐般的溫暖氛圍。為了強化牆面對電視機的承重力，內層
安排密集的角料，同時面材選用 8mm 厚的 6 分板，足夠的
厚度鎖進螺絲不易掉落。表面塗佈深具質感的樂土，先塗底
漆、再上樂土，底漆的作用在於避免木料本身油脂露出。

空間設計暨圖片提供｜一它設計

空間設計暨圖片提供｜拾隅空間設計

鐵件、白橡木勾勒幾何線條

屋主有收集老玻璃習慣，整體風格以復古元素為核心概念，先將原本內凹的餐廳牆面向
外推移，搭配大型圓鏡，並運用黑色鐵件勾勒，展現俐落的幾何線條。同時鋪陳白橡木
增添暖意，小孩房與廚房門片採用相同元素，視覺隨之延伸，形成整齊俐落的完整立面。
為了有效固定鐵框，利用螺絲鎖在牆面，整面鐵件以焊接固定在鐵框，有助承重。

牆面拉出圓弧巧妙藏柱

電視牆順應窗下，採用曲板拉出圓弧造型，有助隱藏寬柱，也順勢能藏進窗簾，優雅的弧線也爲空間勾勒柔和質感。牆面塗佈樂土，展現如雲朵般的深淺紋理，增添沉穩質樸氣息。面材採用交錯拼接，錯落的視覺更顯豐富，同時也巧妙藏進電箱與維修口，利用拍拍手五金方便開啓。電視櫃順著牆面從玄關一路延伸到窗下，在玄關能當穿鞋椅、收納視聽設備，也可作爲臥榻使用，一物多用的機能兼具美觀與實用。

空間設計暨圖片提供｜一它設計

手工藝術漆渲染，打造如雲朵般的紋理

座落在半山腰的住宅，時常有雲霧繚繞，全室除了以水泥地面展現雲霧深淺紋理，餐廳牆面也運用藝術漆塗佈，特意採用上深下淺設計，以手工層層渲染刷塗各種灰色，呼應如自然雲霧般的不規則漸層，也與戶外環境串連，而地面到牆面也形成一體的視覺效果。餐廳一側的更衣室入口安排玻璃折門，能全部收在牆側，彈性隔斷的設計有效維持整體的開闊視野。

空間設計暨圖片提供｜欣琦翊設計有限公司 C.H.I. Design Studio

空間設計暨圖片提供｜拾隅空間設計

複式牆面內藏光源與走線，實用又美觀

一入大門即是客廳，在廊道寬度不足的限制下，客廳電視牆採用複式牆面，增添視覺的豐富層次，有效維持廊道淨寬。複式牆面保留 8cm 深度，內藏間接光源，巧妙勾勒光帶線條，也能隱藏視聽設備的走線，兼具實用機能同時也注入質感氛圍。俐落幾何線條搭配中性的灰色調，表面塗佈仿清水模漆，透過富有手感的紋理與深淺灰色映襯，展現現代冷調的氣息。

玻璃半牆，維護隱私又保有開闊

拆除原本封閉的臥室隔斷，改以通透的玻璃半牆維持空間開闊度。面向客廳是電視牆，面向書房則安排工作桌使用，100cm高的半牆設計有效遮擋視線，不論是在客廳坐著看電視或在書房工作，都能不受打擾保有隱私。上方採用強化玻璃，木作半牆與天花事先留出溝槽，方便嵌入玻璃，再填上矽利康固定。下方設計也不馬虎，在電視牆右側與下緣安排收納櫃，DVD、遙控器、視聽設備都能物歸其位。

空間設計暨圖片提供｜Thinking Design 思維設計

轉角修圓，讓出收納與餐桌空間

為了增加讓主臥收納，並滿足屋主想要的餐廳圓桌，餐廳牆面利用曲板拉出圓弧，將部分餐廳讓給主臥，也多了空間放置圓桌。牆上鐵件層架順應曲面做成圓弧造型，保留足夠深度收納茶具。為了固定層架，牆面內部留出空間嵌入鐵件，表面再覆蓋面材，加強層架支撐力的同時，也打造懸浮纖薄視覺，整體更俐落乾淨。主臥與衛浴之間的牆面則延伸出斜切的觀景櫃，有效與餐廳連貫拉長牆面，嵌入燈帶刻畫線條，帶出流暢的線性感。

空間設計暨圖片提供｜一它設計

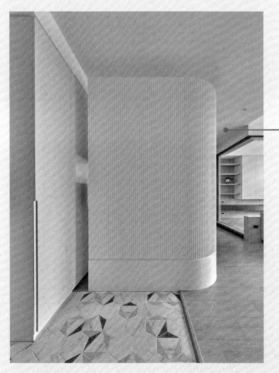

柔音板牆面修潤圓角，視覺不尖銳

在原本開放的玄關與餐廳之間安排圓弧短牆，界定玄關範圍，也能作為俐落端景。牆面邊角採用圓弧造型收起銳角，走在過道上也避免過於尖銳。牆面選用柔音板並漆白，融入全室色調。柔音板自帶的直條造型，能呈現如格柵屏風視覺效果，下方再貼覆純白的踢腳板為分界，不僅有效防髒，也增添視覺變化。牆面右側特地脫開20cm，方便櫃體開啟，也保持敞開不封閉的空間感受。

空間設計暨圖片提供｜ Thinking Design 思維設計

利用線性分割，模糊牆面界線

爲了改善廚房使用動線，因此將廚房門片往左調整，如此一來只有 200cm 的電視牆面寬度便顯得侷促，因此在整道牆面採用線性分割設計，再搭配塗佈清水模漆，來讓牆面不只深具吸睛效果更賦予獨特個性，藉此更有弱化門片存在感，延伸牆面尺度目的，成功達成視覺上的和諧與平衡。

空間設計暨圖片提供｜構設計

嵌入長虹玻璃，通透引光

在原本開放的玄關與餐廳中安排牆面，不僅能劃分空間領域，也避免入門直視餐桌的尷尬。面向玄關一側安排收納，而在入門的軸線上改以長虹玻璃區隔，維持通透開闊感的同時，也有助模糊焦點，四周以鐵件勾勒玻璃框架，留出溝槽有效嵌入玻璃固定。延續玄關色調，牆面採用藕灰色鋪陳，延展整體視覺感受，也成為餐廳絕佳的端景牆。

空間設計暨圖片提供｜Thinking Design 思維設計

空間設計暨圖片提供｜欣琦翊設計有限公司 C.H.I. Design Studio

湖水綠磁磚呼應戶外，凸顯視覺焦點

衛浴空間採用五行中的水元素為設計靈感，水元素代表黑色，整體牆面鋪陳大面積的黑色磁磚，並選用湖水綠的釉面磁磚作為主題牆，巧妙與戶外觀音山的地理景觀相呼應，有效與自然環境串連，引景入室打造寧靜氛圍。黑色與湖水綠磁磚以 3：1 的比例鋪陳，藉此凸顯視覺焦點，60cm 見方的方正磁磚能減少磚縫，方便清潔。衛浴入口採用木質門片，增添溫潤質感，拉門設計則讓牆面線條更顯俐落乾淨。

Q_&A

Q1

小坪數空間，怎麼隔可讓空間不感到封閉且更彈性使用？

　　想將一個空間劃分成好幾個區域，最快也最常見的方式就是利用隔牆做出區隔，但隔牆過多難免讓人感到封閉，加上若是小坪數空間，使用空間更容易因隔牆過多變得太過零碎不好用，住起來也會感到不舒適。為了達到小空間多用途，以及視覺上的延伸放大，小坪數隔間大致可有幾種隔牆變化。

1. 半牆隔間：為了因應空間的彈性使用，可不將隔牆做滿，採取只做半牆的方式來做為空間區隔，同時也可利用做為沙發背牆。另外還可搭配玻璃材質做出變化，上半部採用玻璃材質，達成視覺穿透，但又比半牆多了一點隱密性。

2. 玻璃隔牆：使用玻璃隔牆可完全消除隔牆封閉感，若不想使用透視感過強的清玻，可因應希望呈現的透視效果選擇長虹玻璃、噴砂玻璃等，降低透視感，但仍可有讓視覺延伸，放大空間效果。

3. 拉門、折門：坪數愈小愈要注重空間的使用靈活度，此時便可利用活動性強的拉門、折門，來做為彈性隔間，平常可全部收起來，展現空間開闊感，需要時將門片闔上，便能成為獨立空間，使用極具彈性，可為小空間製造更多變化。

空間設計暨圖片提供｜構設計

採用折門設計，可讓空間使用具備靈活度與變化，很適合空間不足的小坪數居家。

Q2 想要打掉隔間牆，如何判斷隔牆能不能拆？

　　牆面是支撐建築的一個重要結構，有些牆若是拆除將會嚴重影響整個建築物穩固，因此若沒有專業人士協助，不建議輕易拆除牆面，以下列出幾個絕對不能拆除的牆體。

1. 承重牆：以牆身做爲支撐建築的結構體，不只不能拆除，最好也不要任意變形或在牆上挖洞，由於承載了建築的垂直重量，因此多採用承重力佳的 RC 牆，牆身厚度約 20cm 以上。想知道是否爲承重牆，可從敲打聲音做判別，由於承重牆一定是 RC 牆，敲打時通常不會有聲音。

2. 剪力牆：剪力牆是建築的結構體之一，因此多是鋼筋混凝土牆，牆身厚度多達 25cm 以上，主要功能在於提供建築耐震力，若是拆掉剪力牆，那麼將會減弱建築物的抗震度。

3. 配重牆：室內空間與陽台之間常見有門窗設計，此時窗戶下面的那道牆也屬於不能拆的牆，這裡的牆叫做「配重牆」，功用是承載陽台重量。

Q3 輕隔間的隔音效果好嗎？

　　輕隔間施工快速又價格便宜，隔音效果卻一直爲人垢病，首先應該要有一個認知，隔間牆主要功用是區隔空間並非隔音，會有隔音效果的優劣，是因爲隔牆使用的材質不同，因此磚牆、RC 牆隔音效果最好，木作隔間和輕隔間雖可隔絕部份噪音，但效果不如磚牆、RC 牆，如果眞的很在意隔音效果，應該採用磚牆、RC 牆而非輕隔間。

　　一般輕隔間、木作隔間，多是採用在隔牆裡塡塞隔音棉來加強隔音效果，使用的隔音棉爲岩棉、玻璃棉等，岩棉有隔音、防火效果，常見規格爲 60K、80K，數值愈高隔音效果愈好，玻璃棉則是由玻璃絲加工製成，同樣具有斷熱、隔音效果，普遍採用規格爲 16K 和 24K，想更進一步提昇隔音效果，通常會再鋪一層隔音氈，隔音氈厚度有 1mm、2mm、3mm 不等，隔音量分別爲 23db、27db 、30db。

隔牆隔音量比一比

	紅磚牆	RC 牆	木作隔間	輕隔間
隔音量	45 dB	50 dB	30-40dB	30-40dB

Q 4

如何選擇適合的隔牆間方式？

　　隔間方式有很多種，有磚牆、RC 牆、木作隔間和輕隔間，要從中選擇適合的隔間方式，主要可從需求面來看。若是注重噪音問題，那麼隔間方式建議採用可隔絕約 45dB ～ 50dB 的磚牆、RC 牆和陶粒牆，但若建築物本身只適合採用木作隔間、輕隔間，那麼可在隔牆內填入隔音棉，加強隔音效果。另外，在隔牆施工時注意隔牆是否有確實做到天花板，避免天花板和牆有間隙，導致聲音互相傳遞，影響隔音效果。

　　施工期的長短，可能間接影響費用，對於預算上不夠充裕的屋主來說，就比較適合施工期短的木作隔間和輕隔間，這兩種隔間施工期需看空間坪數大小，但一般來說應該一周內即可完工。就價格來看，木作隔間和輕隔間，也比磚牆、RC 牆價格便宜。

　　在乎居家空間安全的人，適合磚牆、RC 牆、白磚牆和陶粒牆，其中磚牆、白磚牆和陶粒牆防火效果最好，不過磚牆耐震力不佳，白磚牆則是隔音和防水效果略差一點，陶粒牆防火、隔音、耐震效果好，但費用上則高出其他隔牆許多，而承重力佳的 RC 牆隔音、防水效果不錯，卻不耐燃。其實每個人對於隔牆需求不同，在進行居家裝修時若能先從需求面思考，便能不受影響做出適合的選擇。

空間設計暨圖片提供｜ ST DESIGN STUDIO

隔間方式千變萬化，從需求面思考最能精準做對隔間方式，從而讓居家生活更為自在舒適。

Q5 可以用輕鋼架隔間嗎？ 容易有濕氣的衛浴

　　輕鋼架隔間因為施工快速又便宜，因此普遍使用於居家裝修工程，不過輕鋼架隔間可分為乾式和濕式，其特性有些許差異，適合的區域也不太一樣。乾式隔間最常見做為臥房隔牆，以及不易碰水產生濕氣的區域，施工、拆卸容易、環保，而且價格便宜，使用的板材也比較沒有限制。

　　濕式隔間，則是透過在隔間牆骨架灌入輕質混凝土填充，比RC牆重量輕，但卻能保有混凝土防水特性，需要使用防水性佳的板材，此種隔間方式適合應用於易有水氣的衛浴空間。

	特性	價格	施工速度
乾式隔間	施工快速又重量輕，日後拆卸、修改較為迅速。	低	快
濕式隔間	具防水特性，隔音比乾式效果好，但拆除時需打除水泥，比較費時費工。	高	慢

Q6 壁掛承重會有問題嗎？ 輕隔間要懸掛電視或重物，

　　由於施工快迅速，價格便宜，輕隔間因此慢慢成為居家裝修空間主流，然而因為輕隔間表面板材不夠堅硬，除了輕鋼架隔間濕式工法，因內灌輕質混凝土，以及陶粒牆隔間，壁掛力比較好以外，其它壁掛能力皆普遍不佳。

　　雖說輕隔間的壁掛力不佳，但也並非完全無法吊掛東西，首先建議最好不要在輕隔間牆面吊掛過重的物件，若有需要吊掛大型物件，應在施工前確認吊掛位置，以木作隔間牆來說，此時便會在牆面施工過程中，於吊掛處增加角材來加強承重力，至於骨架為輕鋼架的輕鋼架隔間，則會在施工前於骨架安裝補強鐵片，來增加壁掛能力。

Q7

輕鋼架隔間和一般隔間牆有什麼不同？

　　過去隔間牆多是磚牆、RC牆，但這類隔間重量重，且若非原始隔牆而是事後增加，可能對建築結構造成負擔，遇到地震時若隔牆倒塌，也容易造成較大損害，加上造價高、工期長因此磚牆、RC牆便漸漸被取代。後來雖然多以施工較簡單快速的木作來隔間，但木作隔牆木材質不耐燃、不抗潮、隔音效果不好，加上木材質容易變形，後來便慢慢衍生出所謂的輕隔間。

　　輕鋼架隔間即是採用質量較輕的輕鋼架來取代木作隔間的木角料做為隔間牆骨架，然後再搭配板材拼接架構成隔間牆，板材不限制種類，有石膏板、矽酸鈣板、纖維板、水泥板等板材，可根據需求選用適合的板材。

　　輕鋼架隔間由於施工快速、價格比較低廉，且方便拆卸，拆卸之後還能重複使用，因此現今許多居家裝潢使用廣泛，不過輕隔間隔音效果不若磚牆、RC牆來得好，若想增加隔音效果，可在隔間牆裡可填充隔音、隔熱等棉材，來提升隔牆效能。

隔牆比一比

	價格	施工期	隔音效果	優點	缺點
磚牆	低	長	好	·具防潮性 ·耐燃	·可能發生壁癌問題 ·重量過重，對建築結構造成負擔
RC牆	高	長	好	·承重力佳 ·使用時間長	·易有龜裂問題 ·工期長
木作隔間	低	短	不好	·施工快速 ·造價比磚牆、RC牆便宜	·木造材質不耐燃、不耐潮
輕鋼架隔間	低	短	不好	·施工快速 ·造價比磚牆、RC牆便宜	·隔音差

Q 8

要怎麼挑才好？

隔間材有哪些板材可以挑選？

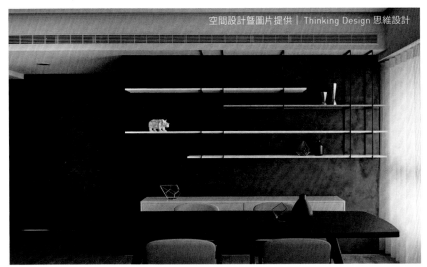

空間設計暨圖片提供｜Thinking Design 思維設計

由於建材不斷演進，現在隔牆不論內外材質，種類皆有多種變化組合，不只可滿足功能面，就連外部美觀也能達成屋主要求。

　　輕隔間施工方式，是先以輕鋼架或木角料做為牆體骨架，接著在骨架前後封上板材，每種板材特性不同，可依據需求來挑選，以下便是幾種常用於牆間牆的板材種類：

1. 氧化鎂板
由氧化鎂、氯化鎂、碳酸鎂、珍珠岩、纖維質材料及其他無機物製造而成，無毒無煙且不含石棉。表面平滑，質輕；不適合使用在易產生濕氣的地方。

2. 石膏板
石膏為主要原料，可使用於輕鋼架隔間牆或是天花板；加工後表面可貼覆裝飾材。

3 矽酸鈣板
以矽酸藻土為基本原料，加上水泥、纖維等組合成，可應用在隔間牆與天花板，表面經過加工後可貼覆裝飾材，硬度不夠壁掛力較差，若要吊掛東西需事前做加固。

4. 纖維板
主要原料為石灰及強化纖維，結構均勻，板面平滑細膩，易於在表面進行各種裝飾處理。

5. 纖維水泥板
纖維水泥板以水泥為主要原料，有不怕水、防火特性，適合使用於乾、濕工法兩種隔間。

6. 木絲纖維水泥板
以木刨片與水泥混合製成，結合水泥與木材的優點，質輕、具彈性、表面平滑；多被用來作為裝飾空間的面板。

輕隔間有不同種類可選擇嗎？

　　首先，就施工方式可分成兩類隔間牆，一種為土水施工，也就是磚牆和 RC 牆，另一種為輕隔間施工，根據工法可再細分成輕鋼架隔間、白磚牆、木作、陶粒牆。

1. 輕鋼架隔間：分為濕式與乾式，乾式是以輕鋼架做出隔牆骨架，外層拼貼板材，板材裡可填充隔音、耐燃的玻璃棉或岩棉，施工速度快、重量輕，常用於房間的隔間，變更格局時容易拆卸，但不耐潮濕。濕式輕隔間同樣以輕鋼架做出隔牆骨架，灌入輕質混凝土，內含保麗龍球配比愈高重量愈輕，可減輕牆體重量，卻保有混凝土不透水特性，常用於衛浴、廚房等區域。

2. 白磚牆隔間：使用的是一種輕質磚，比紅磚輕，白磚牆完工後即可批土、油漆，相較於紅磚牆繁複的工序，簡易便利許多。

3. 陶粒牆隔間：陶粒板採預鑄工法，通常是板材依空間需求裁切後，運送到現場逐片安裝成牆，施工簡易快速。

4. 木作隔間：以木角料與各式板材組合而成，施工便利、快速，不具防火特性、容易受潮變形，隔音效果也有限。

	輕鋼架隔間（乾式）	輕鋼架隔間（濕式）	白磚牆隔間	陶粒牆隔間	木作隔間
隔音效果	差	尚可	差	佳	差
壁掛能力	尚可	佳	差	佳	差
耐震度	差	尚可	尚可	佳	差
拆除變更	拆卸容易，可再利用	費時費工	拆除容易	費時費工	拆除容易

Q10

隔間牆的厚度大概是多少？

　　牆面是支撐建築物的主要結構，除了有支撐建築物、分隔空間功能之外，隔牆的厚度也與隔音效果有關係。就一般隔間牆來說，磚牆和 RC 牆厚度約在 12cm，由於材質關係隔音效果很好。木作隔間封板通常使用夾板，因此在厚度上就根據使用板材厚度有厚薄之分，不過通常厚度約為 4 ～ 8cm。重量比紅磚牆輕但隔音效果一樣好的白磚牆，根據厚度可分成 10cm、12.5cm 和 15cm，12.5cm 隔音效果幾乎等同於紅磚牆，一般居家空間普遍採用 10cm 即可，除非噪音問題嚴重才會建議使用 15cm。

　　陶粒板厚度亦有 8cm、10cm 和 12cm 可挑選，輕鋼架隔間表面也是利用各種板材做封板固定，通常各類板材皆有不同厚度可選擇，一般來說愈厚隔音效果愈好，可視自身需求來做挑選。除了傳統隔間牆，現今為了達到空間通透感，也會選用玻璃材質來做為隔牆材質，考量到居家安全應選用強化玻璃，厚度約 5cm 為佳。

空間設計暨圖片提供｜實適空間設計

採用玻璃間可達到視覺上無隔間空間開闊感，同時也能確保採光，是現在居家常見使用隔間材質之一。

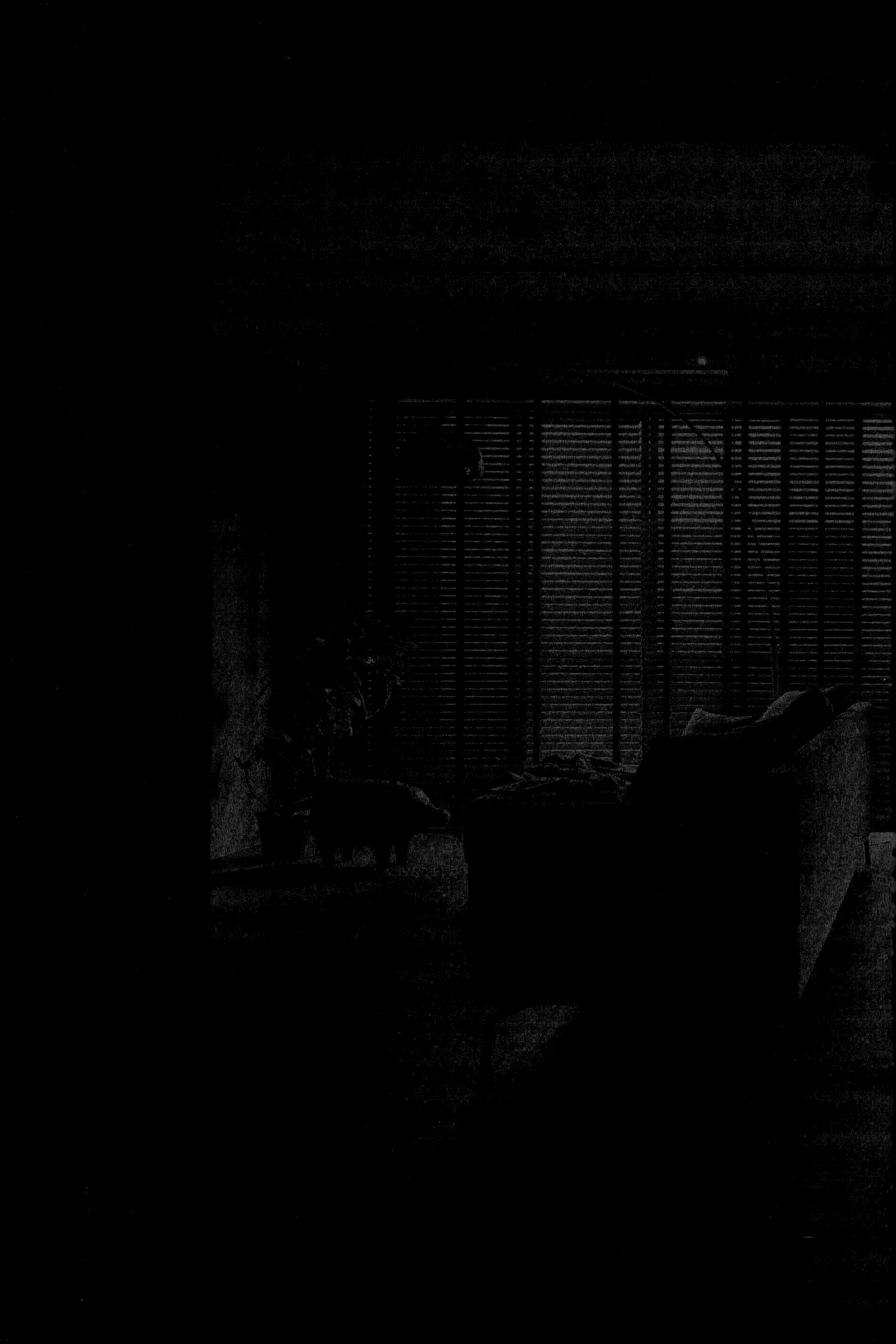

CHAPTER 4

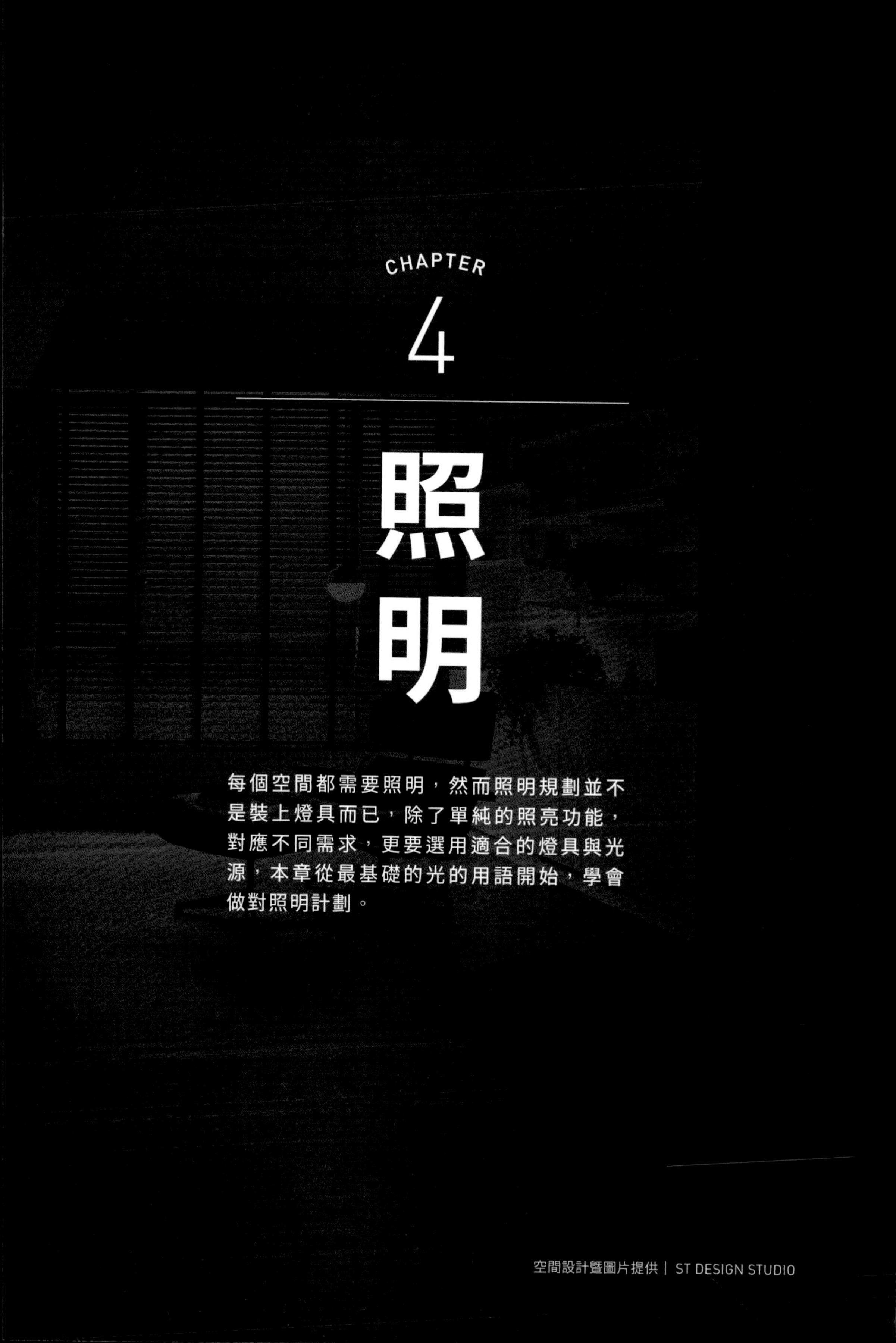

照明

每個空間都需要照明，然而照明規劃並不是裝上燈具而已，除了單純的照亮功能，對應不同需求，更要選用適合的燈具與光源，本章從最基礎的光的用語開始，學會做對照明計劃。

空間設計暨圖片提供｜ST DESIGN STUDIO

可營造獨特空間氛圍的最佳工具

除了照亮功能之外，一個好的照明設計還應該要可以營造出不同情境與氛圍，進而影響人置身在空間裡的情緒與感知。照明設計不只是針對燈的數量來做規劃，而是要更進一步根據空間的需求與特性，來安排適當的人工光源、燈具與照明方式，接著再就後續清潔保養、省電等問題做更周密的安排，如此才能在成功營造氛圍的同時，也不會在實際使用時產生困擾。

空間設計暨圖片提供｜ST DESIGN STUDIO

常見裝潢用語

·色溫

表示單位爲 K，一般光源色溫大致區分爲低色溫、中色溫、高色溫。低色溫普遍在 3300K 以下，給人溫暖放鬆的感覺；中色溫在 3300 ～ 6000K，通常能帶來舒適感受，而高於 6000K 的高色溫，因爲光色偏藍，會使物體有清冷感。

·輝度／亮度

輝度也稱亮度，卽被照物每單位面積在某一方向上所發出或反射的發光強度，公制單位爲尼特（nit）或燭光／平方公尺（1cd/ m² =1 nit）。簡單來說就是眼睛感受到發光面或被照面的明亮度。輝度會跟照度相互影響，也具特定的方向性。

·眩光

眩光（glare）是指令人不舒服的照明，致使視覺無法辨識或感到不舒服。光源亮度愈高，輝度愈高，對眼睛刺激就越大。透過計算統一眩光指數（UGR），可以對照出眩光和主觀感覺的關係，當 UGR 在 10 ～ 15 左右時視覺較舒適，不會受眩光影響，眩光大致可分爲三類：直接眩光、反射眩光和對比眩光。

·照度

指得是每單位面積接收到的光通量，其單位是勒克斯（lx=lux）。照度的大小取決於光源的發光強度，及被照體和光源間的距離，三者間呈平方反比關係。計算公式爲 lx= lm/m2。意卽在面積不變的情況下，流明值越愈高，照度愈高。規劃整體空間時，不可能只用單一盞燈具，因此可以借助照度計搭配簡易的公式來算出平均照度。平均照度公式爲 E = N * F * U * M／A。

照明的方式

Type 1 · 直接照明

直接照明是指，當光線通過燈具射出後，其中約有 90% ～ 100% 的光線，會到達需要光源的平面，藉此可達到凸顯強調效果形成空間主角，但由於光線方向單一，光處與暗處因而造成強烈對比，進而容易產生眩光。根據生活中的實際使用，直接照明還可再細分為半直接照明，。

空間設計暨圖片提供｜ST DESIGN STUDIO

Type 2 · 間接照明

間接照明是不將光線直接照向被照射物，藉由天花、牆面或地板的反射，製造出一種較為柔和的照明效果。間接照明可再分為半間接照明，做法是將半透明燈罩裝設在光源下方，此時大部份光線會向上投射在天花板，光源再經過天花板反射形成間接照明，少部份光源則會透過燈罩向下擴散。

空間設計暨圖片提供｜ST DESIGN

Type 3 · 漫射照明

通常是利用半透明燈罩，如乳白色、磨砂玻璃罩，將光源全部罩住，讓光線向四周擴散漫射至需要光源的平面，由於光線透過燈具產生折射效果，不易有眩光現象且光質柔和，視覺上會比較舒適。採用漫射照明雖然照明範圍比較大，但因為光效較低，很適合用來做為空間氣氛的營造。

空間設計暨圖片提供｜構設計

照明的配置

Type 1 · 主照明（普照式光源）

主照明簡而言之，就是負責大空間，決定每一個空間的燈光個性的第一種光源就是「普照式光源 General Light」，全面照明是讓照明範圍幾乎呈現均一狀態的照明方式，包含白天的自然採光，都可視為整個室內空間的基本照明來源。

空間設計暨圖片提供｜構設計

Type 2 · 輔助照明（輔照式光源）

輔照式光源就是局部照明，採行部分打亮的方式，可視為重點燈光。輔助式光源為散狀光線，光線能照到室內各個角落，如落地燈、書燈能調和室內光差，讓眼睛感到舒適，一般來說，具有散性光線的燈適宜搭配直射燈一起使用。輔照式光源主要目的是增加光影層次，引導動線，達到營造氛圍目的。

空間設計暨圖片提供｜ST DESIGN STUDIO

Type 3 · 重點照明（集中式光源）

集中式光源主要是直射光線，燈光運用於某一限定區域內，以看清楚當下正在進行的動作，如聚光燈、軌道燈、工作燈等；這類燈飾多半都會搭配燈罩，燈的位置與燈罩的形狀將會決定光的方向與亮度。當聚精會神從事特定活動，如化妝、烹飪、用餐時，需要像是舞台鎂光燈般光量充足且能夠集中的光源，也就是負有功能性導向的作用，所以集中式光源通常視個人需求再決定是否使用。

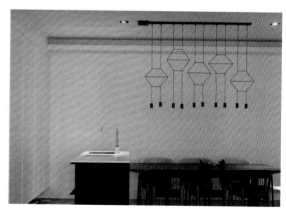

空間設計暨圖片提供｜構設計

| 裝潢施工建材 | 在照明計劃時，除了燈的外觀之外，燈泡的選擇也可能影響呈現效果，因此施工時因就燈具、燈泡來進行挑選。 |

燈具

Light 1. 落地燈

落地燈一般由燈罩、支架以及可支撐於地面的底座組合而成，依配光方式大致可分爲上照式、下照式、上下方皆有光源以及光線全方位擴散式。落地燈屬可移動燈具，在運用上更有彈性，作爲局部照明時，在擺放位置與外型挑選時，需顧及與空間的協調性。

Light 2. 吊燈

依光源方向分爲光線柔和的上照式、光線直接明亮的下照式還有發光面積大的擴散式，由於光源照射方式不同，因此可營造出不同氛圍，而根據形式大致可分爲單燈頭型、多燈頭型、長條型或高度較短的半吊燈。

Light 3. 吸頂燈

燈具主體以完全貼附的方式直接安裝於天花板，光源則藏於玻璃或壓克力材質的燈罩裡。不論水泥天花或木作天花都可安裝，相對其他燈具來說，是簡單又不易出錯的燈具款式。

Light 4. 投射燈

也稱爲聚光燈，是指將光線投射於一定範圍內並給予被照射體充足亮度的燈具，透過調整角度與搭配不同光學設計的方式，就能創造出各式燈光情境。常見投射燈形式大概可分爲軌道式、吸頂式、夾燈式、嵌燈式。

Light 5. 嵌燈

嵌入式燈具的簡稱，指全部或局部安裝進某一平面的燈具，適用於所有空間，而且由於可完全與天花形成一個平面，展現平整沒有多餘線條的天花，很適合追求極簡的居家空間。

Light 6. 壁燈

壁燈指的是固定於牆面的燈具，通常是藉由牆壁反射光線，讓原本單調的牆面產生光影及層次變化，不過與落地燈、吊燈一樣，壁燈的光影呈現效果會因燈罩造型、材質與透光性的不同有所改變。

Light 7. 流明天花

是指燈管透過壓克力板、霧面玻璃、彩繪玻璃等透光或半透光面材達到間接照明效果的燈具，光線更均勻、視覺上平整沒有過多線條，在滿足照明功能之外，也讓空間看起來更加簡潔俐落。

燈泡

Light 1. 白熾燈

過去常見的電燈泡或稱之為鎢絲燈，它的發光原理是利用電流通過燈絲，燈絲不斷聚集熱量，當溫度達到一定高溫，到達白熾狀態時，便會開始發光，溫度愈高發出的光就愈亮。從發光原理來看，白熾燈在發光過程中需消耗大量電能才能轉化成熱能，而其中僅有一小部份才會轉化成有用的光能，所以耗電量偏高，使用時間平均大約為 2000 小時左右，與其他光源相比壽命偏短，且不夠環保也不節能，現今已少有人使用。

Light 2. 鹵素燈

鹵素燈其實也是白熾燈的一種，鹵素燈的發光原理，是利用在燈泡注入鹵素氣體，透過內部氣體的循環再生作用，而大幅改善容易因高溫造成燈絲斷裂，而減少使用壽命的問題，不只有效延長了燈絲壽命，也讓鹵素燈的使用時數大大高於白熾燈，而由於鹵素燈燈絲可承受更高溫，相對也可獲得更高的亮度。

Light 3. 螢光燈

螢光燈其實就是大家熟知的日光燈，由於是利用氣體放電，為了維持電流穩定性，需加裝安定器。日光燈給人第一印象大多是白色，但其實光色是根據管壁內塗抹的螢光物質決定，藉由調整塗抹螢光物質的成分比例，便可得到不同光色。會被稱為省電燈泡，是與白熾燈相比，省電燈泡有較高的發光效率，當然也更省電，但與 LED 燈相比，則不見得省電。

Light 4. LED 燈

發光二極體（Light-emitting diode，縮寫為 LED）是一種能發光的半導體電子元件，相較於過去先將電能轉換成熱能，之後再轉換為光能的傳統光源，由於是直接將電能轉換成光能，因此可以更有效率獲取光源，且因發光機制不同，使用壽命遠高於傳統光源，在維修不易且需要光源的地方，LED 是很好的選擇。

照明計劃流程

STEP 1　提出需求

就原始空間對照明的氛圍、明亮度提出需求。

STEP 2　照明規劃

根據需求進行照明規劃，並以圖面做確認。

STEP 3　燈具挑選

針對吊燈、立燈等需求和空間風格進行搭配的燈具做挑選。

施工重點

重點 1：

安裝用餐區吊燈前需確認餐桌位置，選擇有聚光效果的吊燈，更能營造溫馨用餐氛圍。長型餐桌可選用長條型吊燈或依據餐桌長度採用 2 ～ 3 盞並排吊燈，建議吊燈邊緣距離桌緣至少預留 20 ～ 30 公分的留白空間。

重點 2：

吸頂燈的尺寸大小應與房間大小對應，如果貪圖明亮感而選擇過大的吸頂燈，可能會出現空間比例失衡的問題。一般建議以天花板對角線長度的十分之一至八分之一，當作選擇吸頂燈的尺寸基準。

STEP
4

→

STEP
5

安裝燈具

在裝修工程結束前，
即可進行安裝。

燈具驗收

燈具安裝完成後，
可進行驗收，確認
燈具或燈泡是否有
損毀情形。

重點 3：

部分戶外用埋入式照明具有一定厚度，而且需要先安裝埋入式燈盒（或稱預埋
盒），若計畫採用此類燈具於車道、階梯等水泥材質建物，建議在設計照明時先
參考建築鋼筋結構圖。

重點 4：

做為夜間安全引導的足下燈常見安裝於樓梯、走廊處，針對高齡者的住所則建議
加裝感應式足下燈在臥房出入口到廁所之間的動線，而且照度可設定在 75Lux 以
上，以提供長者充足但不刺眼的夜間光源。

實例應用

空間設計暨圖片提供｜ ST DESIGN STUDIO

空間條件結合光線規劃，營造回家沉穩寧靜氛圍

雖然位於採光難以到達的位置，但反而不刻意強調明亮感，藉由少量
嵌燈與灰色霧光牆面，營造出空間幽暗沉澱效果，唯一且有限的光源，
採用局部重點投射便以凸顯鞋櫃、畫作，並達成聚焦與實際使用需求。

空間設計暨圖片提供｜ 構設計

聚焦六角燈
營造風格端景

以造型特殊的六角燈與地板六角磚相
呼應，呈現整體風格一致性。而玄關
入口窗戶加上一排穿鞋椅，在六角燈
微弱光度照明之下營造氣氛，正好形
成一面端景效果。並藉由鞋櫃懸空設
計，將客廳落地窗燈光引進玄關。

**從需求面出發，
輔以復古燈具點綴**

客廳是一家人主要活動區域，因此光源規劃用明亮且光線均勻的串接燈，來做爲主要照明，不直接裸露將燈管放進特別製作的燈糟裡，藉此型塑成極簡、俐落的現代感燈具，也瞬間把看似樸素的串接燈質感提升。除此之外，另外安排與串接燈外型呈對比的復古燈具，來達到點綴空間與製造光影層次目的。

空間設計暨圖片提供｜ST DESIGN STUDIO

**間接光源圍繞形成
獨特空間氛圍**

在這個空間裡，家具、畫作以及牆面，才是最重要的主角，因此主要照明採用嵌燈，內嵌在天花裡便可維持視覺上的乾淨、簡潔，重點規劃光線柔和的間接照明，來凸顯弧型天花線條，同時營造出與家具、畫作呼應的空間氛圍，重點牆面的間接光源則巧妙形成光帶，在不過度張揚前提下，製造出聚焦視覺的洗牆效果。

空間設計暨圖片提供｜ST DESIGN STUDIO

空間設計暨圖片提供｜構設計

藉由光源引導視覺，營造空間放大效果

位於餐廚區天花上有一根大樑，若將天花全部包覆平整，會讓人感到有壓迫感，因此設計師不用板材包覆，反而是採用流明天花設計，將光源往上打製造出深邃感，藉此延伸視覺，空間也有無限往上延伸效果，成功弱化了天花粗大樑柱存在。

間接柔和光源 帶來放鬆歸屬感

玄關雖位於採光偏遠位置，但由於良好採光與開放空間規劃，玄關並不顯陰暗，因此延續客廳光源規劃，只在弧型天花和鞋櫃規劃了間接照明，光源足夠使用需求，而間接光源的柔和特質，也能讓人有種一回家的安心感。

空間設計暨圖片提供｜ ST DESIGN STUDIO

空間設計暨圖片提供｜構設計

以藍色點綴，
打造藍天白雲想像

雖然是三十五年的老房子，但拆除舊有建材之後，發現天花樑柱不算多，考量到屋高只有二米五，因此便選擇裸露天花維持原始屋高，照明部分採用 EMT 管搭配筒燈，雖是以明管方式走線，但只要適當規劃，並不防礙空間美感，而且刻意將 EMT 管漆成藍色，滿足屋主的藍天白雲想像。

空間設計暨圖片提供｜ ST DESIGN STUDIO

高低錯落安排，
增添光影層次變化

這個空間不大，因此天花的吸頂燈已可滿足基本照明需求，刻意安排一盞挑選過的造型吊燈，來製造出視覺上高低落差與光影層次變化，吊燈雖是裝飾功能居多，但從半透明燈罩透露出的微微光線，亦能爲空間帶來寧靜氛圍，並凝聚空間視覺焦點。

Q 1

想營造空間氛圍，又怕間接照明太暗，有解決方法嗎？

燈光在空間不只扮演照明的功能，同時也是營造氣氛的重要角色，間接照明經過反射光的表現較柔和，是一種營造出放鬆氛圍的照明方式，相對亮度比直接照明低，全室採用會使整體空間顯得較昏暗，因此可以在有功能需求的地方以分區散點的方式，搭配輔助照明提升亮度。

像是餐廳可以利用吊燈讓視覺凝聚在餐桌區域範圍，同時讓餐點看起來更加美味；如果在客廳有閱讀習慣，不妨在沙發閱讀區增加一盞立燈提升照明功能，或者在入口玄關加裝嵌燈，因應進出穿脫鞋的方便性，並兼具空間氣氛和照明需求的好方法。

Q 2

選用白光和黃光差異在哪裡？該如何選擇？

我們一般日常生活中最普遍接觸到的光線為藍白光和暖黃光，其差異在於「色溫」的不同。色溫愈低，顏色愈黃，色溫愈高，顏色會由白轉變為藍光。研究顯示大腦會在夜晚釋放適量的褪黑激素以提醒我們睡眠時間，我們在選用光線上可以藉這樣的生理原理，讓居家光照與晝夜節奏同步，優化認知能力與睡眠品質。

由於白光裡包含的藍色光譜較多，在照射時會抑制褪黑激素的分泌，讓人有精神較好的感覺；相反的，黃光會讓人覺得比較放鬆。因此在配置燈光的時候，最好依照環境使用需求來選擇適當色溫的光線，像書房或者工作環境，白光有助於保持工作專注度提升工作效率；想要有放鬆狀態的客廳或臥房，建議選擇低色溫的暖黃光 (<3000K)，可以幫助舒緩情緒讓居家空間更有溫暖的歸屬感。

Q-3

不同空間的照明應該怎麼配置？

　　照明方式必須對應不同空間所賦予的功能來選擇適合的燈具，再來考量造型和氛圍，才能提升照明在家裡的實用度！空間依照使用情境來區分，可分爲休憩娛樂的客廳、臥房及餐廳，以及功能導向的廚房及書房。客廳的照明方式很多，同樣必須先確定空間的使用習慣。一般來說，客廳是家人朋友聚會相處的地方，現在大多使用間接光均勻打亮空間同時營造氣氛，如果在沙發區使用頻率較高，建議搭配可調式的立燈讓燈光能靈活的因應需求。

　　臥室以床頭燈爲主，對於睡前有閱讀習慣的人，臥室不妨以床頭燈或床邊燈爲主，天花板光源爲輔。床頭燈除了具有睡前閱讀功能外，光集中的照明形式也比較不干擾另一半。餐廳考量照明高度，餐廳主要以餐桌照明爲主，吊燈位置可以在餐桌上 60cm 左右，使照明範圍含蓋餐桌，讓用餐視線清楚且不刺激眼睛。廚房照明強調安全實用。廚房屬於功能型的空間，下廚流程動作繁複，更需要明亮清楚的光源，建議使用白光照明，並在料理檯上方加裝層板燈讓光線集中在檯面上，可以加強工作的安全性。

空間設計暨圖片提供｜構設計

根據空間機能，照明需求也有所不同，因此好的照明計劃，要依空間屬性來做適當規劃。

Q4

燈泡包裝上的英文代表什麼？要怎麼挑才對？

空間設計暨圖片提供｜拾隅空間設計

空間裡的用色，對於選用白光或黃光有一定影響，選購時不妨也一併列入考慮。

現代愈來愈多人選擇 LED 燈泡，但每家燈泡外盒標示都會有點不一樣，在選購時可針對以下幾個重點來做選購。

燈泡亮不亮？
很多人以為挑選亮度是看瓦特（W）數，其實瓦特數是看耗電量的單位，燈泡多亮是看以流明（lm）標示的「光通量」，「光通量」指的是人眼所感知的光亮度，愈高就愈亮。

燈泡省不省電？
燈泡省不省電就要看「發光效率」，也就是說每消耗 1 瓦的電可以發出多少光量，它的單位是（發光效率 = 光通量／用電瓦數）。 發光效率數字越高，用電愈有效率愈省電。舉例來說，同樣是 1000lm 的光通量 LED 燈泡，一顆耗電 7W ，一顆耗電 10W，那麼選擇 7W 會比較省電。

白光還是黃光？
再來就是看色溫，色溫愈低顏色愈黃，愈高就愈白，4000K 左右為太陽光顏色，5000K ～ 6500K 為正白色。一般而言黃光比較不刺眼，光源較柔和，白光，藍光傷害有可能愈高。

2700K　3000K　3500K　4000K　4500K　5000K　5700K　6500K

黃 白

Q5 房子高度會影響燈具的配置嗎？

　　空間高度會影響燈具配置。功能性的光源，考量到照明的廣度範圍，燈具大多是裝設在天花板，因此房子的高度對燈具的配置、型態有一定的影響。

　　一般住宅高度約 2 米 8，在正常屋高條件，客廳選用吊燈作為主燈的情況下，除了要注意吊掛與空間之間的距離，避免因體積過大或與活動空間過近而產生壓迫感。挑高屋型高度通常會超過 3 米，此時則適合選用尺寸較大的造型燈飾，藉此可展現空間尺度，但由於高度較高，距離地面較遠，為避免亮度不足，建議可在一般樓高約 2 米 5 ～ 2 米 8 位置，再增加投射燈、嵌燈、軌道燈來輔助整體亮度。

若屋高低於正常屋高，則不適合使用吊燈設計，建議採用吸頂燈或者軌道燈來做為主照明，藉此保持天花板高度，展現視覺開闊的效果。

Q6 浴室的燈一定要防水嗎？化妝鏡的燈怎麼避免產生陰影？

　　衛浴是家中最潮溼的空間，但又不能缺少燈光，因此務必使用合適的防水燈具，才能避免水氣進入，造成燈具損壞或漏電危險。一般乾濕分離的衛浴，在乾區建議選擇防水等級 IP44 以上的燈具；但如果是在浴缸旁、淋浴間會直接噴濺到水的濕區，則需選購 IP65 的燈具，IP 數值愈高防護力愈高。

　　如果習慣在浴室化妝，可以在主燈源之外，建議在洗臉檯區域上方，以及化妝鏡面左右兩側加裝燈光，光線從左右兩側投射才能避免產生陰影，並選用白光而非黃光，如此才能呈現出最正確的妝容色彩。

Q7

用 LED 燈有什麼優點？

LED 燈感覺很省電，是真的嗎？

　　LED 燈是目前最省電的發光源，發光效率數值愈高愈省電，由於發光技術原理，發光效率特性不會改變，因此在相同亮度的前提下，LED 燈泡的瓦數一定會低於省電燈泡及傳統白熾燈。

　　目前 LED 燈泡的發光效率一般可達到每瓦 80 流明以上，而傳統白熾燈的發光效率一般為 10 幾，依據相同光通量（lm）的基礎選購發光效率（lm／w）高的 LED 燈泡，可達到替代亮度效果並節省電費。舉例來說，如果想以 LED 燈泡取代傳統 100 瓦白熾燈泡，以目前 LED 燈泡發光效率為每瓦 80 流明來估算，大約 19 瓦左右的 LED 燈泡就可達相同亮度，加上使用壽命長，因此和其他光源比較起來，LED 燈泡在電費上的確有優勢。

LED 燈的優點：
省電：能將電能全部轉換為光能，發光效率高，節能又省電。
耐用：正常使用下 LED 光源壽命約 3 萬小時左右，長時間不用更換。
便利：燈泡啟動快一點即亮，不會閃爍延遲，較不傷害眼睛。
健康：本身不會產生紫外線、紅外線，不危害眼睛和皮膚。
環保：傳統日光燈中含有大量的水銀蒸汽，一旦燈破碎就會揮發到空氣中汙染環境，LED 燈不含鉛、汞減少對環境的傷害。

傳統白熾燈燈泡瓦數（w）	LED 燈泡額定光通量之對應值（lm）
15	136
25	249
40	470
60	806
75	1055
100	1521
150	2452
200	3452

燈泡比一比

	LED 燈泡	省電燈泡	傳統白熾燈泡
發光效率	74.7-82.6（lw/w）	62.3-67.5（lw/w）	15（lw/w）
光源壽命	40,000 小時	平均 6,000-13,000 小時	平均 1,000 小時

Q18

電燈開關要怎麼規劃才方便使用？
什麼地方適合設雙切開關？

空間設計暨圖片提供｜構設計

電燈開關規劃最重的是要符合平時使用習慣與生活動線，使用起來才會順手。

　　燈具開關看似設計的小細節，但如果沒規劃好，不順手的開關會影響生活的順暢度，當設計師畫好開關圖後，建議用粉筆或紙膠帶定出位置，實地測試開關位置和高度是不是與生活習慣符合，因此規劃時有幾個重點要留意：

1. 開關位置要與動線相互配合
除了從單一空間來思考開關位置，還要從生活動線著手才能提升使用的便利性，例如，回家習慣從客廳先走到餐廳廚房，可以在客廳開關位置同時配置餐廚房燈開關，若是進家門習慣先到臥房更衣，可以在入口處設廊道開關，減少摸黑找燈的麻煩。

2. 單向動線可以設雙切開關
若是屬於單向動線的位置，可以在起點和終點裝設「雙切開關」，像是在客廳和玄關安裝雙切開關，兩端都能同時控制客廳主燈，準備出門時可以先維持照明到玄關時再關燈，減少來回進出開關的不便；另外，臥室門口和床頭也要用雙切開關控制主燈，上床睡覺時不需起身就能關燈就寢。

3. 開關位置要配合家具家電位置
像是高櫃、冰箱等有高度的家具較容易擋住開關，造成使用上的不便，因此配置開關也要同時思考家具、電器擺放的地方和高度，

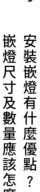

嵌燈採用線狀配置，藉此滿足較邊緣地帶的光源需求，同時也可劃分出玄關區域

空間設計暨圖片提供｜構設計

Q9 安裝嵌燈有什麼優點？嵌燈尺寸及數量應該怎麼配置比較好？

　　隨著簡約空間風格的潮流，嵌燈成為現代居家的主流，嵌燈除了提供基礎照明外，由於是嵌在天花板裡，因此可讓天花板呈現出俐落的簡約感。一個空間若能靈活搭配不同類型的嵌燈，便可在基礎照明功能外，展現出聚焦、洗牆等不同效果，營造出空間層次，提升室內情境氛圍。

　　目前市面上嵌燈常見的開孔尺寸從 7cm ～ 15cm 不等，尺寸可依照功能及氛圍需求來做選擇，如果想要營造出有如酒店的高級質感，可以選擇開孔小的嵌燈，數量上不用太多，便能輕易提昇整體空間的精緻感；15cm 大尺寸嵌燈則是泛光型的基礎燈具，光照泛圍比較廣，適用在亮度需求較高的寬敞空間，但安裝大尺寸嵌燈要記得預留天花板散熱空間，否則容易積熱出現光衰或者壞掉。

　　嵌燈在配置時，最常見的大約有幾種方式，約 2 至 4 顆嵌燈集中在天花，這種方式主要是強調集中照明功能，而在玄關或者廊道等狹長區域則多以線狀配置，有時也會將嵌燈安排在角落，這樣光線分佈平均但變化相對少，另外也有以三個嵌燈圍成三角型配置，照射範圍較集中式廣。

Q10

廚房照明有需要特別規劃嗎？

　　開放式廚房設計已成為現代空間主流，除了客廳之外餐廚房被視為一個整體的區域，成為家人親友共處的重要場域，特別是著重功能的廚房合理照明非常重要，良好的燈光配置不僅可以營造舒適的烹飪氛圍，更重要的是提升烹飪時的安全。

　　廚房可以選擇嵌燈、日光燈或流明天花作為主燈，讓整體空間有自然均勻的光源，需要烹飪切煮的料理檯、水槽與炒菜等工作區，最好以清楚明亮的照明為主，在吊櫃下緣增加重點照明，可以避免光源被身體擋住，近距離照射才能有清晰光線處理食材。

　　被賦予複合功能的餐廚房，除了用餐之外閱讀、上網也時常在餐桌上進行，因此餐廳照明也要配合需求更靈活切換，建議在間接照明之外以低色溫營造用餐氛圍，以高色溫聚焦工作，或者再增加桌燈或立燈，確保閱讀或工作時光線充足。

Q11

書房燈光太亮，反而眼睛容易疲累？為什麼？

　　書房確實要光線充足，但不是愈亮愈好，仍要充分考慮環境照明。書桌是學習工作的主要地方，除了要將照明集中於桌面，但不能忽略整體環境光照的設置，要留意造成眩光，當同一空間裡的亮度分佈不平均時會引起視覺不適、眼睛疲累，因此如果只用檯燈沒有足夠背景光的照明設計，過於昏暗的環境長時間下來會使眼睛因為頻繁調節明適應暗變化，讓眼睛容易疲累。

　　書桌擺放的地方要考量到窗戶位置以及陽光照射進來的角度，整體環境空間和閱讀的燈光最好能和陽光相互協調，同時避免電腦螢幕的眩光。書房光源最好用柔和白光，這樣能減低眼睛疲憊，在照度水平大於 500lx 的環境下視覺效率較高，比較利於閱讀和書寫。

^Q12

市面的筒燈、嵌燈，差別在哪裡？

嵌燈一般是以嵌入天花板的安裝方式，因此需在天花板預留孔洞，適合一些天花板較低，或者需要光源而不希望有燈具破壞整體設計感的地方，嵌燈可概分「固定式嵌燈」與「可調角度嵌燈」兩種燈具型式，在選擇嵌燈時要依照空間功能、氛圍情境來搭配不同種類嵌燈，避免同一種規格嵌燈使在全部空間中，目前居家最常搭配的是固定式嵌燈及可調角度式嵌燈。

固定式嵌燈可規劃在線性走廊引導行走動線，或者較空曠空間、固定家具或設備的地方，若排列的方式和距離配置適當，嵌燈可提供一致性的光線分佈，而且嵌入式的安裝方式能展現空間的平整視感。

可調角度式嵌燈則適合安裝在藝術品、畫作擺放的地方，可調角度的設計讓燈光能隨著家具變動或者裝飾藝品更替時，與燈光之間的搭配上更有彈性，或者運用角度純粹在牆面呈現不同的燈光設計變化。

筒燈，算是嵌燈的延伸，一般可分成裝燈泡和 LED 兩種，筒燈燈具高度通常會設計 10cm 以上，嵌燈與筒燈最大不同之處，在於它們的配光曲線及光束角，筒燈窄角度設計可以讓光線更加集中，與周圍的明暗形成對比，是一種能凸顯重點區域的燈光設計。在進行居家裝潢時，可依天花高度、想要營造空間的情境氛圍、居家陳列方式以及空間功能等，選擇使用嵌燈或者筒燈來呈現自己想要的空間感。

空間設計暨圖片提供｜構設計

可根據想要呈現的效果，來選擇不同類型的燈光，讓空間可以更具層次與變化。

Q13

室內規劃燈具要注意哪些？

現代人愈來愈重視燈光設計美感和光照氛圍，因此居家空間的燈光設計，不僅要考慮功能性，在規劃配置上更需要深思熟慮一些照明對環境影響的因素，比如燈具的照明用途、色溫、造型、亮度等等。

空間燈具依其功能性大致分成兩大類：營造氛圍的「裝飾照明」與滿足工作時光線需求的「功能照明」，因此在思考想要規劃什麼類型燈具之前，更先評估燈在空間扮演的主要功能性，進而調整燈具照明功能的配置比例。

室內每個區域的照明需求，因不同活動屬性而有所區別，客廳屬於公共區域，大多是家人聚會、看電視的場所，比重上就會以裝飾照明為主，需料理的廚房以功能照明為考量來規劃，而從廚房延伸的餐廳在裝飾照明與功能照明可取得一個平衡，兼顧用餐功能與氛圍呈現；寢臥區雖然是休憩的地方，除了運用裝飾照明營造氣氛，可搭配亮度和照射角度適中的床頭燈來提供閱讀功能。最後根據空間整體裝潢風格，選擇喜歡的燈具設計這樣就萬無一失了。

Q14

燈具怎麼保養清潔，尤其間接燈光容易積灰塵很難清，要怎麼解決？

當燈具有灰塵附著時要時常以乾布擦拭，以免灰塵累積久了吸收空氣中的水氣，附著在金屬燈體上後，容易生鏽或使得玻璃透光度降低，減低燈光的明亮度；擦拭玻璃燈罩時要留意，最好冷卻後再拆下來清潔，然後等完全乾燥後再裝上。另外，天花板的間接燈光通常是分層設計，溝槽容易堆積灰塵、蚊蟲屍體，由於位置較高，建議請專業清潔人員定期清理比較理想。

Q15

室外燈光是否要防水，燈應該怎麼安排，怎麼挑選適合的燈具？

代人注重休閒感的居家生活，更願意將陽台改造成一個愜意的休閒區。在夜間，陽台和露台是居家中和室內光源無延續的開放空間，當涉及到配置和佈局時，光的選擇就變得很重要。

如果陽台空間比較寬闊，安裝筒燈能擴展整個照明面積，比較不會有死角，若是陽台空間較小，更適合簡約的吸頂燈，或者加裝壁燈營造氣氛也是不錯的配置。若陽台只是單純作為轉換室內外空間的場域，可以安裝感應燈，讓夜間進門時更加方便，不會有摸黑找開關的困擾。

然而，燈具安裝在戶外要考慮到之後面臨的環境裝況，像是受到陽光、雨水等氣候變化和空氣污染的影響，因此戶外燈具往往比室內磨損得快，而且夜間光源容易引誘蚊蟲，加上灰塵累積在燈具內，都會影響燈具的安全性、壽命和效果。因此最好使用防塵、防水係數較高的燈具，防塵防水係數 IP 值，第一個數字是「防塵」，第二個數字是防水，數字愈高防護效果愈好，一般建議安裝在戶外防塵防水要 IP65 以上比較適合。

IP 等級標準參考

第一位數	防塵	第二位數	防水
0	無防護效果	0	無防護效果
1	防止 / 阻擋直徑大於 50mm 的異物	1	防止滴水
2	防止 / 阻擋直徑大於 12mm 的異物	2	防止 15 度直接噴水
3	防止 / 阻擋直徑大於 2.5mm 的異物	3	防止 60 度直接噴水
4	防止 / 阻擋直徑大於 1mm 的異物	4	防止水霧（蒸氣）進入
5	防止灰塵	5	防止水柱進入
6	完全防止灰塵	6	防強噴水
		7	防止在 15mm 水面下和持續 30 分鐘的進水
		8	防止長期浸入在水面下的水壓

空間設計暨圖片提供｜ST DESIGN STUDIO

燈光除了照明功能，若能巧妙計劃光線，並進一步搭配燈具外型，便能成爲點綴室內的裝飾品。

Q16

燈具種類那麼多要如何運用才能營造出空間氛圍？

如何讓燈光除了照明功能外若能藉由設計巧妙地處理光線，成爲室內不佔空間的裝飾品，整體空間也更爲生動，可以掌握幾個要點規劃。

一、善用間接燈光鋪陳氛圍

建議可以在家居角落選擇立燈或落地燈，利用向上及向壁面反射的泛光照明營造柔和的光感，不僅使空間感覺溫馨，也讓空間有放大的效果。其他像是儲物架和牆櫃內的暗角可安裝 LED 燈，增添空間質感。

二、運用造型燈飾凝聚焦點

主空間選用吊燈可以把視覺焦點往上提升，但要留意空間高度和燈具之間的比例，才不會產生壓迫感，造型可選擇設計感強烈的燈飾，創造空間的獨特性。

三、搭配點狀燈帶增加層次

若是家中有畫作或展示品，可以利用軌道燈或嵌燈來打亮作品，空間光源形式也更爲豐富，或者在廊道或走道的盡頭安裝壁燈來營造空間端景，同時作爲不同空間過渡指引，讓各個房間的行走動線更爲流暢。

四、混光配置增加空間氣氛

另外，利用燈光色彩改變空間的視覺溫度，這也是常用來改變空間氛圍的簡單手法。選擇暖黃光與投射燈白光混光來搭配或者界定區域，空間裡的光氣氛也更爲自然，不會過於昏暗或者冰冷。

塗料

能快速改變空間樣貌的塗料，施工方式難度不高，講究的是施工細節，與熟練的施工經驗，本章將解答如何掌握塗料特性，成功呈現出使用後讓人驚豔的效果。

空間設計暨圖片提供｜實適空間設計

空間設計暨圖片提供 | 一它設計

善用塗料特性，展現更多元豐富的視覺效果

說到塗料多數人第一個想到的一定是油漆，但其實塗料的種類繁多，像是樂土、磐多魔等皆是塗料的一種，其可應用的區域更是除了地坪、牆面外，還可用於家具等地方，除了色彩的改變，亦可利用批土、抹刀等手法做出變化，有些塗料還可自行施作。但塗料最容易因為施作過程中細節上的疏忽，導致成果有所落差，如何成功讓塗料發揮應有功能，重點就在於細節的掌握。

空間設計暨圖片提供｜拾隅空間設計

常見裝潢用語

· 批土
居家空間皆有木作隔間或水泥隔間，以板材做爲隔間的木夾板、矽酸鈣板或是水泥牆，表面會有氣孔、坑洞、木頭紋路等，直接上漆無法遮蓋且不美觀，需藉由批土塡平牆面，再以打磨機修平修飾，來爲油漆打底，通常會批 1 ～ 2 次，可視牆壁狀況和預算而定。

· 底漆
因爲壁面本身還是有許多毛細孔，爲了提高面漆的附著，並讓面漆刷起來較爲均勻平整，通常會在批土、打磨後，在上面漆前刷一層底漆，一般會刷兩次，但可視牆面狀況調整底漆塗刷次數。

· 面漆
面漆指的就是塗裝的最後一層，根據面漆種類，亦可提供不同功用，如：裝飾、保護及其他特殊功用，可以根據材質及需求挑選適合的面漆種類。

· 一底二度
一底指的就是施作前的底面處理，如：批土、打磨，二度則是指刷二次面漆，以此類推，二底三度，也就是二次批土，刷三次面漆，效果會比一底二度好，費用相對比較高，一般居家空間若牆面問題不大，通常一底二度即可。

裝潢施工材料

塗料種類多元，在選用時除了有色彩的差異外，根據不同面材以及功能性，都有適合使用的塗料，挑選時除需求性，面材材質也是影响挑選種類重點之一。

Material 1. 油漆

可塗佈在各種表面，並有各種各式各樣顏色可供選擇，可依據個人喜好、空間風格以及空間氛圍來做選用，除了請專業師傅施作，也是很多人喜歡拿來 DIY 的一種塗料，根據製造成份及其用途可分爲水性水泥漆、乳膠漆和油漆，適用於室內外空間、家具。

Material 2. 環保塗料

油漆多會摻入甲醛、笨等有害環境與健康的化學物質，爲了避免污染環境與健康，因此便有了低甲醛、低揮發性有機化合物的塗料，這種塗料大多是採用大自然原料製成，生產過程和施工過程中，多不會對環境造成污染，對於身體健康也似乎沒有不良影響。

Material 3. 磨多魔

磨多魔原文是 PANDOMO，是一種新興創意建材，可使用於牆面、天花、地面，完成面表面平滑，且有多種顏色可選擇，因其材質不夠堅硬，若使用於地坪，要避免拖拉家具以免刮傷表面。

Material 4. 優的鋼石

以水泥爲基底，加上德國生產母料作爲塗料面材，完成面效果類似磨多魔，一樣可使在牆面、天花、地面，但由於內含成份不同，優的鋼石抗壓強度比磨多魔高，因此耐刮、耐重壓。

Material 5. EXPOSY 環氧樹脂

環氧樹脂又可稱爲人工樹脂，用途通常是做爲黏著劑，用於空間則做爲塗料使用，由於施工快迅又便宜，常見被使用於商業空間、停車場等地方，EXPOSY 容易刮傷且不易修補，因此較少見運用在居家空間。

Material 6. 萊特水泥

是一種進口塗料，因其特性可抗龜裂、耐磨、防水但透氣，經常被人拿來做為取代有起砂問題的水泥粉光地板，加上具備抗紫外線特性，光照強的區域不會因久曬變色。如果只是單純喜歡這種建材，可以不用水泥灰色，有其他顏色可挑選。

Material 7. 樂土

原本是淤積在水庫底部的廢土，被改質為可防水透氣塗料。因擁有特殊分子結構，因此具備防水透氣功能，不論用於建築外牆或者室內，都能有效降低裂紋產生並達到防水效果。

Material 8. 珪藻土

又名矽藻土，珪藻是一種浮游生物，死後沉積海底經過時間推進形成化石，被提煉後而成為珪藻土，具有細小孔洞，可有效吸附、分解部分有毒物質與調節濕氣，可避免壁癌與黴菌問題發生，不過各家廠商原料略有不同，詳細施工及價格需諮詢相關廠商。

油漆施工流程

STEP **1** → STEP **2** → STEP **3** →

清理施工面

清除舊漆,並將牆面的突起物、表面灰塵、汙垢清除乾淨。

保護工程

油漆通常是在裝潢工程後端,因此油漆工程前需做好保護,以免被油漆污染。

批土

若表面有坑洞、縫隙、需重新批土讓表面達到平整,通常需批土二至三次。

施工重點

重點 1:AB 膠乾了之後再批土

一般在木作接縫處,會先以 AB 膠進行填縫,並等待 AB 膠乾了之後再來藉由批土、打磨動作將縫隙整平,接著才能上底漆、面漆,如此一來油漆面才不易裂開,產生裂縫。

重點 2:分次進行批土整平更到位

想讓牆面漆色均勻好看,重點在於批土是否做得仔細,批土最好採分次到位慢慢進行,如此才能確實將牆面不平處完全整平,過程中可利用燈光,來確認批土是否足夠平整,或確認是否仍有遺漏之處。

STEP
\4/　→　STEP
\5/　→　STEP
\6/

打磨　　　　　底漆　　　　　面漆

小範圍 DIY 可使用砂紙，大範圍粉刷要用專業打磨機。　　上漆前的打底，讓面漆上色更均勻。　　塗刷至少二次，色澤、厚薄才會均勻。

重點 3：打磨結束牆面清潔很重要

為了使表面更平整細緻，在批土之後會再進行打磨動作，打磨時會產生大量粉塵，因此一開始的保護工程要做好，以免家具等被沾汙，打磨完的牆面也要在徹底清除掉表面粉塵後再上漆。

重點 4：第一道面漆乾了再刷第二次

通常面漆會刷至 2～3 次，然而在施作時，一定要等前一次的油漆乾透了，才能再進行下一次的塗刷，如此一來才不會影響上一層的油漆，造成表面起皺問題。

塗料施工流程

STEP
\\1/

基底整平

施工區域地面進行清潔及整平。

↓

STEP
\\2/

攪拌材料

將欲塗佈在地坪的塗料進行混合攪拌。

- 磐多魔 -	- 萊特水泥 -	- 優的鋼石 -
施工順序：	施工順序：	施工順序：
·中塗→面塗→拋光處理→上石頭油→水蠟美容。	·水泥層塗佈→表面防護層。	·水泥基底→塗佈結構抗裂層→放置介面接著層→鋪上優的鋼石→拋光→外層鍍膜。
·約有 7～8 道手續，要重複多次塗佈、研磨、拋光。	·約需 8～10 道工序。	·採用鏝刀一層一層塗抹，約有 7 道塗層，12 道細部工序。

施工重點

重點 1：現場需淨空

磐多魔施作工期大約一星期，施作期間不能踩踏，且施工過程中工地需淨空，因此可能影響其它工程進行，所以建議事前需做好工程先後順續安排，以免影響裝修進度。

重點 2：進場時間

由於優的鋼石塗佈過程中通常有多道工序要進行，完成面也需一定時間乾燥，過去需優先進場施工，完成後再讓室內裝潢進場，但現在因材料、工法的演進，進場時間點可安排在粗清前細清後。

重點 3：需有經驗師傅施作

磐多魔最吸引人的除了平滑如水泥粉光的地坪質感外，還有經過人工塗層造成如大理石的特殊紋理質地，但想呈現出這種獨特的視覺效果，需搭配技術純熟的專業師傅施作。

重點 4：等待塗料完全乾燥

萊特水泥在施工時，由於是一層一層堆疊上去，因此每一層的塗佈都需等到上一層塗料完全乾燥後才能再行作業，因此預計工期建議可拉長一點，以免影響完成效果，或後續其它裝修工程。

實例應用

空間設計暨圖片提供｜禾禾設計

無接縫地板鏝出手作的簡約樸實

早期較多見於商業空間的磐多魔地板，在近年也常被應用於居家中。
這類材質有 EPOXY、磐多魔與優的鋼石等，無論哪種都像是 EPOXY
塗料一樣具有好清理及無接縫特性。無接縫地板施作時如同塗料，需
以鏝刀在地面由底漆、中漆與面漆一道道覆塗施工，並藉由鏝刀痕展
現出獨特樸實美感。同時可與其它如木地板或磁磚作無縫銜接，藉以
作出不同區域的分隔示意，讓空間更顯寬敞、設計也更無受限。

仿清水模漆鋪陳東方低調韻致

比起一般只單純在牆面上刷塗漆色，設計
師挑選以仿清水模漆來鋪陳牆色，為這個
半開放書房空間圍塑出東方情懷與時尚質
感並兼的低調韻致，再搭配精巧復古的藤
編屏風拉門，展現出延禧畫風般的唯美。
特別的是設計師將書房後方的櫃體同樣以
仿清水模漆覆塗，讓立體的展示櫃融入牆
面而毫無違和感，也讓牆面與展示櫃的設
計細節更引人玩味。

空間設計暨圖片提供｜禾禾設計

空間設計暨圖片提供｜晴空間設計

灰泥地板串聯主牆
延伸出大境界

很多人看到這空間都壞懷疑這是一間僅有 11 坪的小宅空間。一房二廳一衛加上廚房的完整格局絲毫不讓人覺得狹隘，除了有半開放格局與通透的玻璃隔屏等設計加持，其實還有一個重點，就是全室貫穿以水泥灰色的單純基礎色調，灰色無接縫地板的塗層接續向上延伸，變成仿清水模電視主牆，統一色調且不間斷性的漆灰空間讓小宅視野放大，延伸出大境界。

空間設計暨圖片提供｜庵設計

取材自然的樂土牆
榮耀大地優雅

在充足採光與開放格局中，先以碳化木皮板釘設大片天花板營造出自然風格的空間基調，接著在沙發主牆上運用環保材質樂土作塗刷面，具防水、吸濕效果的樂土牆可以藉由刷塗技法展現獨特手作感，也可透著仿清水模牆的寧靜美，讓主牆在樸素中有更多細節，而右側靠窗的臥榻牆面則以淺藍乳膠漆作爲漸層配色，讓大地色系的優雅空間畫面更爲豐富。

以鐵灰漆牆輝映木質主牆的暖度

客廳格局略受限制、沙發背牆也不夠大，為了改善擁擠感受，特別在沙發主牆的 KD 木皮塗裝板外圍運用漆色做變化。首先，將天花板下大樑與窗邊柱體刷塗鐵灰色乳膠漆，並且搭配右側牆面鐵灰漆牆面與局部石材拼接，如此交錯運用色調與材質轉換，一來可使得牆面有向右延伸、放寬的錯覺，質感也會藉此互相提升，並呈現冷暖互相的設計效果。

空間設計暨圖片提供｜庵設計

優的鋼石地板注入純淨自然地基

以往居家地板建材多以磁磚、木地板為主流，但隨著屋主對
於風格或機能的需求愈趨實際，也更勇於嘗試多元化的地板
材質。此案例選擇以新型特殊水泥塗料優的鋼石來作厚塗層
地板施作，除了更符合整體自然風格設計，單一材質地板也
可以讓畫面看起來更為純淨。這類材質強度較水泥粉光更堅
實不易裂，即使硬物碰撞而有小瑕疵也可用美容方式修復，
讓維護保養更簡單。

空間設計暨圖片提供｜庵設計

空間設計暨圖片提供｜晴空間設計

墨綠 X 粉紅，堅固溫柔的完美組合

由於這個小住辦空間必須兼具設計師本身工作與居住的雙重需求，因此，特別在起居工
作區牆面上選用墨綠的漆色，一來可以對比映襯出粉紅沙發的溫柔氣息，另一方面也展
現出空間的理性氛圍，成為堅固溫柔的完美組合。在牆面除了應用色彩來凸顯裝飾性外，
刻意不作滿版的墨綠牆色與圓弧轉角都隱藏著設計小心機，既可界定出起居區與工作餐
區，也讓整體空間畫面更顯柔和。

Q.1

室內裝潢常用塗料有哪些？

塗料可說是最爲人熟知且普及的建材之一，由於每一種塗料都是因應不同氣候與環境需求而開發的，因此選購前要先知道自己的需求，例如室內漆就不適合漆在戶外。一般室內常用塗料有水泥漆、乳膠漆與各種礦物漆、護木漆……等，但裝潢空間主要仍是水性水泥漆與乳膠漆二種。這二種塗料都是屬於水溶性塗料，也就是不會採用甲苯類的稀釋劑，因此對於家人健康與環境空氣污染上較無危害。

另外，室內裝潢用的塗料建議使用「平光」水泥漆或乳膠漆，主要是因爲對於長期待在室內的人，若選擇亮光型塗料容易因光線反射導致視覺疲勞，而且刷塗平光塗料的牆體看起來較爲柔和、溫馨。隨著愈來愈多樣的設計需求，仿清水模漆、珪藻土、藝術漆……等特殊塗料也漸受室內裝潢愛用，這些塗料各其特殊的功效與裝飾性，讀者可以依自己需求與設計師建議來選用。

空間設計暨圖片提供｜實適空間設計

每種塗料有其不同特性，因此選購前要先知道自己的需求，再來選擇適合的塗料。

Q2

走進油漆店中是不是常覺得很茫然，店內一罐罐漆長得都差不多，到底要選那一種？以下就常見塗料作比較說明。

水性漆、乳膠漆、油漆的差別在哪裡？怎麼選？

常見塗料	水性水泥漆	乳膠漆	油漆
用途 & 成分	因應用於水泥底材而得名，爲室內牆常用塗料。主成分是由水溶性壓克力樹脂與特殊顏料混製而成。	室內牆用漆。爲乳化塑膠漆的簡稱，又稱PVC漆。主要成分乳化醋酸乙烯、PVC樹脂及耐鹼顏料。	油性水泥漆是戶外用漆，由耐候及耐鹼性優越的壓克力樹脂作主體，加入耐候、耐鹼顏料調製。
特性	1. 加水稀釋調漆。 2. 施工簡便且好塗刷、乾得快。 3. 漆膜較粗糙。 4. 覆蓋力佳。 5. 價格平易近人。 6. 有亮光與平光等產品。	1. 加水稀釋調漆。 2. 可用水擦拭。 3. 具防霉、抗菌效果且不易褪色。 4. 漆膜細緻。 5. 需多道塗刷。 6. 價格較高昂。 7. 有平光與亮光等產品。	1. 漆膜柔韌堅固，耐候性、耐水性、耐鹼性均佳。 2. 對漆體附著力強，塗裝後乾燥迅速。 3. 需以二甲苯稀釋調漆，對人體有害，不適合室內用。
耐用壽命	2-3 年	5-6 年	依環境而定
適用範圍	室內牆面、天花板	室內牆面、天花板	戶外牆、庭院、公園

Q3

不同牆面材質，油漆施工方式會不一樣嗎？

　　每一種漆料都有自己的特性，而牆面所在環境位置也會需要不同的塗料來保護，因此，塗料功能與牆面材質二者之間有著密切連動關係，須依據不同牆體、面材及所需機能來選擇塗料。例如，戶外需選用油漆、防水漆，室內則多用乳膠漆或水泥漆，木製品應該選用護木漆；還有油漆、防水漆、乳膠漆與水泥漆、護木漆的遮蓋力與延展力不一，需塗刷的次數與工法會有差異性。

　　另外，若想要不同表面質感的人可能會選擇礦物漆或特殊漆，每一種漆牆的基礎工程與塗刷技巧也會略有不同，也就是底漆與面漆的塗料、刷法都不盡相同，因此，想要擁有最佳的牆面塗刷效果一定要先搞清楚牆面材質，並考慮牆面所在環境條件，像室內或戶外、日曬、濕度、有無水洗、抗汙需求等，都會影響漆料選擇與油漆施工的塗刷工序，所以屋主在為自家牆面換漆色之前一定要先弄清楚牆面材質及想要的效果。

空間設計暨圖片提供｜庵設計

根據不同漆的種類，以及不同面材，施作重點會略有不同，因此施工前應先確認油漆種類，以及面材材質類型。

Q 4

油漆顏色應該怎麼選？

挑選塗料除了要了解環境與機能需求外，還有另一重點就是選色。一般屋主對於配色總有點心驚驚，害怕選錯色家裡氛圍整個被打壞，最後還是縮回來保守地漆出白牆。其實只要掌握幾個重點，空間漆色就可以為空間大大加分。

首先選定自己想要的風格，如果是喜歡自然感建議選用大地色調，如駝色、米色、麥褐色；若偏好現代風還是可挑選簡約的黑、白、灰等色彩；希望輕快活潑感可加入粉藍、粉綠、粉黃的色塊或單牆作為裝飾色。

如果是小坪數住宅建議挑選具退縮效果的冷色調，像是灰藍、灰綠，或加了灰白色的莫蘭迪色調都不錯。想來點變化可運用二種以上的牆色作搭配，並掌握以二八配比原則，例如選用 80% 的灰搭配 20% 鼠尾草綠色，讓牆色有變化又不至於太過花俏；也可以在白牆中加入 2～3 種顏色的幾何圖或線條，這種設計很適合兒童房，可讓孩子培養出開朗與創意性格。

空間設計暨圖片提供｜禾禾設計

害怕顏色配錯，可選擇相對安全的相近色系做搭配，既不容易出錯，也可做出深淺層次變化。

Q5

自己 DIY 油漆要買多少量，應該怎麼抓？

想自己 DIY 刷油漆，無非就是爲了要省點錢，所以到底要花多少錢、該買幾桶漆自然更要精打細算。首先，要先知道不同品牌、不同油漆的用量會有差異，這部分需視買回來的油漆產品而定，通常油漆公司都會提供自家油漆的用量計算說明，因此先要了解的是自己想塗刷的坪數。

如何測得自己需要塗刷的坪數呢？首先，請丈量刷漆空間的地板坪數，接著套用地坪 ×2.5 倍＋地坪公式，這樣就可計算出您需要塗刷的總坪數，最後再用總坪數去油漆店換算出需要幾公升塗料幾可。不過，這裡要提醒的是如果沒有要刷天花板就只需將地坪 ×2.5 倍即可。

還有通常牆面刷漆不會只刷一道，水泥漆可能刷上二道，因此用漆量就要再乘上二倍。至於乳膠漆則因漆膜較薄需刷上 2 ～ 3 道，因此要多出 2 至 3 倍的用漆量，建議可以稍微多準備一點漆量，以免不夠要再補買會比較麻煩。

空間設計暨圖片提供｜禾禾設計

塗刷油漆通常不會只刷一道，因此算出用量後，還要乘上 2 至 3 倍

Q6 油漆牆面完成後，看起來不平整，問題出在哪裡？

　　牆面油漆是所有房屋裝修中相對較簡單的工程，也是不少屋主考慮 DIY 自己施工的項目，但是有些施工眉角沒有注意到就容易出問題，其中最常見的就是刷完後才發現牆面油漆看起來不平整，這些大小不等的凹凸尤其在燈光的照射下會更加鮮明，問題到底出在哪裡呢？不只 DIY 新手會遇到這問題，工班經驗較少或工法較粗糙也可能會有牆面不平的問題，所以驗收時要特別檢查，情況嚴重應拒絕點交並請工人再作補救。

　　為何牆面會不平整呢？最大可能原因就在牆面基礎工程的「批土」與「打磨」二道工序。由於這二道工序極需耐心與經驗，而且通常要重複1～2次才能完美弭平牆面，也就是先補土等牆面乾後再打磨，接著檢視有不平處再補土一次後再打磨，這就像皮膚基底若不好，上妝後還是會有凹凸。另外，油漆現場應避免灰塵沾染、刷具也要保持乾淨，這些都會讓漆面有瑕疵。

Q7 為什麼牆面的油漆會起泡？應該怎麼補救？

　　油漆除了是為牆面帶來裝飾效果，同時也具有保護作用，但有些牆面刷完油漆一陣子後卻發生起泡的現象，反而讓牆面美觀性大打折扣。為甚麼漆面會起泡呢？可能的原因有：

1. 新作牆面因未待完全乾燥就上油漆，內部濕氣過高導致。
2. 底漆與面漆的漆層施作時間隔過短，導致內層漆未完全乾燥，濕氣就被外層漆覆蓋，最後漆膜就鼓起了。
3. 牆面後端若為浴室或廚房的水區，可能因水管裂縫或防水層效果不佳而有水分滲透，時間一久也容易讓漆面起泡。

起泡現象歸咎起來多是因為牆面內外濕度不平衡導致，所以在上漆前確認牆面是否乾燥很重要，千萬別為了趕工縮短乾燥時間，這些問題都會在日後一一浮現。萬一真的發生牆面起泡問題，就要將起泡的漆皮先行刺破或刮除，看是否仍有水氣並找出濕氣來源，待排除水氣問題後再補土，並重刷底漆與面漆。

Q8 裝潢沒多久，油漆牆面就有裂縫，是油漆還是牆的問題？

　　由於牆面出現的隙縫裂痕可能是牆面本體的問題，也有可能是油漆塗刷層造成的，因此，先要釐清問題出在哪裡。如果是牆面本體則要先確認牆面為水泥或木作，木作可能出現在接縫處，而水泥牆則可能因地震或溫差造成隙縫，這類牆體裂縫的情況是無法單純用油漆來掩飾，即使重新刷漆過幾次或幾個月後又會有裂縫出現，所以需要先將牆面以刮刀清除雜質或凹凸面，接著重新補土、刮平，等乾燥後再打磨並且重新上漆才能解決問題。

　　若牆體並沒有問題而是油漆出現裂縫，則要檢視有可能是漆膜的厚度過厚造成，或是原本油漆的調配比例不對，當然也有可能是油漆本身品質不佳或過期等問題。如果只是小面積裂痕，可使用砂紙在裂縫處磨平後以濕布擦乾淨，等乾後再重上底漆與面漆，如果是有大面積裂縫則應先確認裂縫問題根源，待將問題排除後再全數清除後重新打磨刷漆了。

Q9 油漆工程應該怎麼估價？

　　一般人講到油漆估價通常都只考慮到坪數，但其實油漆工程不僅只有塗刷油漆這個步驟，還有很多前置作業，師傅會依現場環境與工序的難易作出不同的估價，以下就整套油漆工程估價流程作說明。首先，影響油漆工程價格的因素有：

1. 丈量現場施作的面積、坪數。
2. 需與屋主確認油漆種類與品牌 (水泥漆或乳膠漆)。
3. 針對完工品質的要求確認要刷幾底幾度。
4. 現場環境難易度，空屋與已有家具者難易不同。

施作工法幾底幾度	水泥漆	乳膠漆
一道面漆 (無補土)	100 ～ 150 元 / 坪	XXX
二道面漆 (局部補土 + 局部研磨)	250 ～ 280 元 / 坪	250 ～ 300 元 / 坪
二道面漆 (局部補土 + 局部研磨)	280 ～ 320 元 / 坪	350 ～ 400 元 / 坪
三道面漆 (局部補土 + 局部研磨)	XXX	400 ～ 450 元 / 坪
天花板及牆面二道面漆 (全面批土 + 全面研磨)	450 ～ 550 元 / 坪	XXX
天花板及牆面二道面漆 (AB 膠填縫 + 全面披土 + 研磨)	650 ～ 750 元 / 坪	XXX

★以上價格僅供參考，須請工班現場評估。特殊漆也有另外估價方式。

Q 10

什麼是環保塗料？使用效果好嗎？施工方式會不一樣嗎？

簡單的說，傳統油漆除了顏料、樹脂外，還摻入甲醛、苯與類似汽油等有害環境與健康的化學物質作爲油漆輔料，而爲了避免這樣的油漆污染了環境與裝修後的空間，因此，從水與植物中提煉研發出了天然無毒的輔料，即所謂環保塗料。這類塗料具有低散逸、低汙染與低臭味等特色，尤其以「低甲醛」、「低揮發性有機化合物」最爲關鍵，例如水性環保油漆或天然生態漆等塗料。

想要選購環保塗料除了可以由成分與其用途標示來作挑選依據外，最直接的方法就是選用經國家檢驗已符合 CNS4940 規定，且已標示有正字標記與證書號碼的合格產品，以確保塗料品質。環保塗料使用效果不僅不亞於一般塗料，且因無化學物造成空間環境的污染而更能保障健康，尤其有些產品還添加有去除甲醛、淨化空氣的成分，因此，保護效果更佳。施工方式基本上也無太大差異，但仍須視各種品牌與漆種來施工。

空間設計暨圖片提供｜禾禾設計

環保塗料施工方式無太大差異，最大的不同是多使用對環境友善的成分製成。

Q11

遇到油漆剝落要重漆嗎？還是有改善方法？

　　油漆剝落需不需要全面重漆，對此，首先要了解剝落的狀況是否嚴重，還有屋主本身是否還可以接受現況。主要是許多房子因為生活動線緊挨著牆面，或家具倚牆而靠，導致牆面容易有一些撞痕與剝落，這種狀況屋主若可接受也不一定要重漆；但如果是大面積的剝落、壁癌、水漬或難以接受的損傷，建議還是找時機將牆面刷新維護好，這樣對家人健康也比較有保障。

　　回到前述的油漆剝落問題，如果只是部分牆面有剝落現象，屋主不想全牆面重漆的話，其實可以選擇局部補漆的方式，就是在掉漆的位置換上不同色調的漆色，如果配色設計得好還可為空間增色不少，但重點是在局部掉漆的牆面處還是要將原本剝落的漆面刮除，同時也要把凹凸不平的牆面狀況批土、補平再刷，這樣才能讓牆面變得更漂亮。

Q12

請問浴室應該要漆哪一種漆呢？有哪些重點該特別小心嗎？

　　浴室屬於重度用水區，所以牆面仍建議以磁磚為主要建材，至於天花板較多使用 PVC 或塑鋁板，若想用塗料的話可以選用 EPOXY 防水性會較佳，而且浴室重水區一定要請泥作先作防水層，這邊談的塗料單單只有指面漆部分。

　　另一方面，考量愈來愈多家庭的浴室會採用乾濕分離設計，因此，在浴室乾區或洗手台的牆面確實是可考慮使用塗料，一方面讓牆面的材質有更多變化，同時也可省一些磁磚費用。雖然說是乾區，但浴室整體仍是處於長期濕氣較重的地帶，所以塗料應該挑選耐候性較佳的水性乳膠漆或是防霉漆，其中最重要就是要具有防水以及防霉、抗菌效果，這樣才能適應並抵擋浴室濕氣。

　　另外，如果有擺設木質浴櫃也要特別注意防潮性，可以先漆上一層護木漆，等乾了之後再塗防水的透明漆，這樣可以封住木皮表面的毛細孔，確保水氣不會進入，也可避免長期下來木櫃有霉斑產生。

Q13

聽說樂土可以製造水泥質感，樂土有什麼特色？施工比水泥粉光簡單嗎？

　　這幾年隨著安藤忠雄的建築風格與工業風大行其道，各種仿清水模塗料也在室內裝修中大受歡迎，其中由國立成功大學土木系團隊研發的樂土系列產品，就是以水庫淤泥再生改質技術，將廢棄的黏土轉化為具有斥水性的樂土防水粉，這種產品不僅可作為建築內外的基礎或修繕材料，同時也可作為室內裝飾造型材料。

　　尤其想要營造仿清水模質感的牆面，只需運用水泥加上樂土防水粉混合調配後即可施作，質地比起清水模或水泥粉光更為細緻，而且因具有極佳防水性又不易產生裂痕，為相當優質的環保塗料之一。另外，樂土也和其它特殊塗料一樣，可以透過批土、推刀或抹刀等不同的施作工法來呈現出不一樣的紋理與觸感。

空間設計暨圖片提供｜庵設計

樂土可利用批土、推刀或抹刀等施作工法來呈現獨特的紋理與觸感，豐富空間變化。

Q14

和油漆比誰比較貴？
什麼是礦物塗料，屬於環保塗料嗎？

礦物塗料顧名思義就是主原料是取材自天然礦物製成的塗料，常見如灰泥漆、珪藻土（矽藻土）、仿清水模漆、混凝土修飾塗料、仿飾漆之類都算，無論歐美、日本與台灣各廠家都有相關產品的研發，原則上這類塗料的原料都是取於大自然，所以與化工類的油漆塗料產品相較，對於環境的影響自然更低，用於建築室內外面材上也不會揮發出有害人體健康的物質，因此更安全且符合於環保綠建材的要求，的確也屬於環保塗料，不過仍有些廠商會添加樹脂等化學加工品在塗料中，為避免誤買選購時最好請廠家提供綠建材標章證明。

礦物塗料多為進口產品，價格自然不斐，一般水泥漆與乳膠漆每坪造價約 NT.\$300 ～ 700 元，甚至依照施作幾道底漆與面漆不等會有更高收費，而礦物漆的價位則每坪貴約數百至數千元不等，由於漆料本身價格不同，礦物塗料的工法也與傳統油漆不一樣，因此必須根據現場狀況請工班估價才準。

空間設計暨圖片提供｜禾禾設計

礦物塗料取材天然，但施作方式和傳統油漆略有不同，價格需依現場估價比較準確。

Q15

牆面可以刷出金屬感和大理石紋等質感，是用了什麼塗料？價錢貴嗎？

　　好想爲家裡裝潢一道不一樣的大理石牆或金屬牆，但是看到貴鬆鬆的建材報價就是下不了手嗎？別煩惱了，其實利用特殊塗料就能辦到。不管您是想爲空間增添貴氣設計，還是想在牆面上搞創意，這些特殊塗料如金屬漆、石紋漆、紋理漆都能幫您達成。特殊塗料主要是運用礦物質和石灰泥混合而成，並依照產品設計需求加入液態金屬、鏽蝕塗料或大理石粉末、珍珠粉……等材質，好讓特殊紋理漆塗刷後可呈現多層次且立體的表面變化，若再搭配室內燈光的應用就有如眞的金屬牆或石紋牆質感，進而直接達成裝飾主牆的設計使命。

　　此外，還有油漆師傅可利用高超的塗刷技術直接仿繪出各種大理石紋牆面或石柱等設計，這些都讓塗料建材發揮出最極致的藝術價值。由於特殊材質漆多是由歐美進口，價格確實較一般塗料高，加上特殊塗刷技法的工錢也會提高，但是若與眞的石材或是金屬板相較仍不到 1/2，相對還是划算。

Q16

塗了油漆之後，感覺還是無法覆蓋下面的顏色，問題出在哪裡？

　　先來了解不同塗料有其不同成分與特性，以室內常用的水泥漆與乳膠漆來看，水泥漆的覆蓋力明顯優於乳膠漆，主要是這二種漆料的成分不同導致，一般水泥漆漆膜較厚，而乳膠漆因加有樹脂而有更好延展力，所以漆膜較薄透，導致牆面本身若殘留有舊牆的顏色，或是底漆較爲深色、面漆是淺色就容易有透色情形，也就是新上的漆色無法完全覆蓋原本牆面的顏色。

　　一般來說，選用水性水泥漆在牆面上只需刷兩道漆面就可以有不錯的平整度與覆蓋力，但是如果是乳膠漆則可能要刷 3 ～ 4 道以上，才能達到完整覆蓋效果與觸感。

　　此外，如果乳膠漆在調配稀釋過程中加了過多水也會讓漆膜太薄而容易透出底色，因此調漆時需依廠商提供的比例來稀釋。還有一點就是選用的塗刷工具對於漆膜厚薄度也會略有影響，其中滾筒的漆膜較厚，所以它的覆蓋力也會比噴塗的刷法較好些。

空間設計暨圖片提供｜庵設計

珪藻土具有多孔特性而能吸收水分，具調節濕度與抗霉、分解異味、甚至吸附甲醛等優點。

Q17

珪藻土真的可以除濕、除甲醛？適用在哪些區域？

　　不少重視健康生活的家庭，在挑選塗料時會特別指定選用珪藻土塗料，希望藉重這綠色環保塗料來打造除濕、去霉、消味的健康環境。起源自於日本的珪藻土，又被稱爲矽藻土，是一種由死亡藻類經長時間演化而成的天然礦物，由於珪藻土具有多孔特性而能吸收水分，被視爲具有調節濕度與抗霉、分解異味、甚至吸附甲醛等優點，但其作用主要是吸附濕氣來平衡空氣濕度，而非消除水氣，因此效果有限，要解決潮濕問題仍應以除濕機或排風設計爲主。日常生活中珪藻土除被作爲塗料外，也被大量應用於杯墊、地墊、壁紙等吸水家用品上。

　　以塗料形式用於空間裝潢時多是塗刷在天花板或牆面上，由於矽藻土具有原始粗獷的觸感與大地色澤，因此，經過特殊塗刷工法也常被作爲裝飾牆，給予空間機能與美感兼具的雙贏設計。不過，珪藻土作爲塗料的空間雖有調濕功能，但因塗刷工法不耐長期以水沖刷，因此，不建議用於淋浴間這種直接碰水的空間。

Q18

如果想自己 DIY，
哪些塗料比較適合？

　　自己 DIY 粉刷自家牆面其實不難，但若您是新手建議還是從最基礎的水性漆開始嘗試，也就是水性水泥漆與乳膠漆。水性漆使用方便又環保、且無刺鼻味，塗刷的油漆材料、工具也相當易買、好準備，因此很適合 DIY 新手。但若從塗刷效果來看，由於水泥漆的漆膜較乳膠漆厚，加上水泥漆較不透色，因此，牆面乾燥後看來平整度會比乳膠漆好上許多，一般只需二道漆就可完整覆蓋舊漆，可以給新手帶來極大成就感。

　　反之，乳膠漆雖有附著力佳、抗菌、不掉漆等優點，但覆蓋力較水泥漆弱，有可能產生漆色不均或底漆透色的問題，另外，也需要多塗刷 2 ～ 3 道漆，工序較繁瑣，失敗率也會稍稍提高些。準備自己 DIY 為家中牆面上色的新手，除了周邊需先以小毛刷修補，大牆面盡量以滾筒塗刷法較適合，不僅不需要練習毛刷的刷塗技術，同時因滾筒漆膜較厚，乾燥後覆蓋力與效果都會更好些。

空間設計暨圖片提供 | 實適設計

水性漆使用方便又環保、且無刺鼻味，塗刷的油漆材料、工具易取得，最適合 DIY 新手。

Q 19

為甚麼我在店裡選的漆色和回家後刷上的牆色差那麼多呢？

如果你已想好牆面的漆色，接下來就是開心地前往油漆店中挑選適合的油漆。油漆店內的產品多如牛毛，且每桶漆都有個美麗名字，好不容易挑到看對眼的漆色，怎知回家刷完後卻跟心中想的不一樣。發生這種狀況可能的原因不外乎只用色票挑色，小色票的顏色一放大至牆面後常會有強烈色彩更強烈，深色也會讓空間更灰暗的問題。

另一個原因可能是賣場中燈光明亮、空間寬敞，色彩會因燈光明暗而被稀釋或加深的效果，一回到你家刷塗後顏色就會有色差了。反之，如果你家的採光差、燈光照度又不足，或者與賣場有黃光與白光燈色的差異，也會讓色彩隨之變調。

最後，牆面色彩需搭配家中陳設，大型家具如沙發、衣櫃或床組……等都會與牆色互相影響。所以，建議要前往油漆店前可以為家裡拍個照，最好能拍到大家具，也要弄清楚家中燈光顏色，愈多資訊會讓您帶回家中的油漆更貼近自己的理想色彩。

空間設計暨圖片提供｜實適空間設計

至賣場挑選漆色時，有愈多關於空間的資訊，愈有助選對適合居家的漆色。

º20

油漆工報價差異很大，
請問價碼高低可能的差異在哪裡？

油漆報價有高低落差，多和施作內容有關，不妨多詢問不同工班價格與內容，再來評估與哪個工班合作。

空間設計暨圖片提供｜一它設計

　　家裡準備要重新粉刷上漆，所以找了油漆師傅來估價，但是，不同工班給的報價卻差很大，一樣的坪數到底不同在哪裡？如果直接交給比較便宜的師傅做會不會出甚麼問題呢？正所謂一分錢一分貨，通常油漆工程的價碼高低差異有可能出在這幾個環節。

1. 如果自家牆面有壁癌、凹凸瑕疵等狀況，就應先跟師傅確認在報價中有無含除癌工程？以免事後被追加預算，或者沒除癌直接上漆，日後漆膜也可能很快就損壞。

2. 應詢問師傅批土與砂磨只作一道或二道？有無上防水漆層？

3. 要先確認使用的漆種與品牌，水泥漆與乳膠漆價格不同，不同品牌也會有價差。

4. 最後就是問清楚上幾層面漆，這也是價格差異的關鍵之一，如果是水泥漆會上一或二道面漆，若乳膠漆是刷 2 ～ 3 道以上面漆呢？這些施工的工序與條件都應向油漆工班確認相同了再來比較價格，以免貪了便宜卻導致事後糾紛更麻煩。

系統家具

居家裝潢收納不可少，但到底木作櫃還是
系統櫃更划算？完全解析關於系統櫃板材、
五金以及設計問題，讓你選對櫃體，做好
收納。

空間設計暨圖片提供｜實適空間設計

想做對系統家具，要先搞定五金、板材等細節！

收納一直是居家裝潢的一大裝修重點，也因此櫃體的規劃、費用是屋主最關心的事，在沒有系統家具的年代櫃體多是木作，但有了規格化的系統家具之後，屋主就有了不同選擇，然而看似應該比木作經濟實惠的系統家具，卻可能因爲板材、五金等細節的選配，導致費用高於木作，因此如何精打細算做對系統櫃，除了櫃子主體外，細節選配很重要。

空間設計暨圖片提供｜思維空間設計

常見裝潢用語

・緩衝功能

協助門片、抽屜開闔時，降低闔上的衝擊力，此種功能不只使用便利，也可有效
降低開闔門片、抽屜時產生的噪音，但具備緩衝功能的滑軌、鉸鏈，通常價格比
較貴，若是進口價格則會再更高一些。

・板材

系統家具是將各個元件模組化再組合而成，因此基本元件有門片、板材、五金，
而從櫃身到門片皆會使用到的板材，更是構成系統家具的重要主體，一般常見使
用於系統家具的板材有：塑合板、木心板、發泡板、密底板。

・桶身

指的是沒有門片的系統櫃主體，由頂板、底板、背板及左、右側板，組合成為一
個完整的五面櫃體（不含門片）；有了桶身之後，就可再進一步選配門片、層板、
五金等配件。

・E1、E2、F1、F2

F1 與 E1 指的是板材甲醛釋出的量等級，由於各國板材標準不同，因此使用的符
號不同。E2、E1 為歐洲板材規格中甲醛釋放含量等級排序，F 是日本甲醛釋放含
量等級，以 F ★★★★ 為標示，甲醛釋出量愈少，星星數愈少，F1 則為台灣甲醛
釋出量標準等級。

裝潢施工材料

系統家具是由各個不同元件組成，因此配件的選用，便會大大影響事後的使用手感，而其中板材和五金的品質優劣，更決定系統家具是否用得長久、順手。

Material 1. 塑合板

將木材打碎成纖維粒片狀，再壓製膠合而成的粒片合板；防潮、耐壓、低甲醛，芯材兩側表面多會貼上美耐皿紙，價格不貴但不易加工，台灣目前多是從比利時、德國等歐洲國家進口。

Material 2. 木心板

常用來作爲承重用，以 2mm 薄木板夾住柳安木條或其他雜木拼合而成的板材，耐重、隔音且吸熱，可分爲單面板與雙面板。木心板中間木料有蟲蛀風險，製造過程也可能添加甲醛、甲苯防蟲，選擇時應注意是否符合國家標準。

Material 3. 發泡板

成份爲聚氯乙烯（PVC），防水、無蟲害、好清潔，不耐熱，若以發泡板做桶身，櫃體內放置電器產品時，要特別注意通風以免過熱，發泡板材質較軟，釘子、螺絲咬合力較弱，做爲桶身或門片時最好特別加固。

Material 4. 密底板

簡稱 MDF，亦可稱纖維板，是將木材打碎成木屑狀，壓製膠合而成的板材，易塑型、不耐潮，泡水會膨脹分解，表面很適合烤漆或貼皮美化，根據纖維板密度，可分成高密度與低密度，用於家具的多是中度密底板。

Material 5. 滑軌

裝設在抽屜，用於拉開抽屜的五金，根據可拉開尺度分爲全展、半展，並依安裝位置於側邊的側軌，以及隱藏在抽屜底部的隱藏式滑軌類型，另外還可搭配緩衝功能，幫助使用更順手。

Material 6. 鉸鍊

用來連接桶身與門片的五金，鉸鍊的尺寸大小與其承重量有關，要依門高、門寬和門的重量，來決定使用數量及大小。價格會因使用材質、有無緩衝出現價差，一般來說國內較爲平價，進口價格較高。

Material 7. 隔板粒

系統櫃中用來支撐層板的零件，隔板粒材質種類會因板材材質而有所不同，若是玻璃層板，爲了止滑應使用有套上止滑套的隔板粒，木層板使用一般隔板粒即可，價格便宜在五金行即可買到。

Material 8. 門把

門把是爲了幫助開闔門片，依照形式可分爲內嵌門把、單顆門把、握把式門把，材質則有壓克力、皮革、木質、金屬、不鏽鋼等，選用時要注意是否好握、好施力，然後再依櫃體造型、風格，進一步挑選適用的款式。

Material 9. 轉角五金

櫃體轉角處是最難利用地方，而轉角五金就是爲了輔助畸零轉角深處空間收納的五金，常見有拉抽式的小怪物，和轉盤式的轉盤、轉籃，轉盤還可分成半圓型和蝴蝶型。

Material 10. 拍拍手

安裝在櫃內的開關五金，只要輕壓施力就可以打開門片，推回時只要按壓即可關閉，門片太重會無法彈開，需視門片尺寸選用拍拍手，其無把手設計，可讓櫃體表面平整，視覺上更俐落美觀。

施工流程

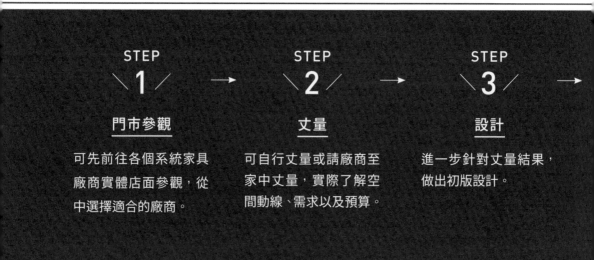

STEP 1　門市參觀
可先前往各個系統家具廠商實體店面參觀，從中選擇適合的廠商。

STEP 2　丈量
可自行丈量或請廠商至家中丈量，實際了解空間動線、需求以及預算。

STEP 3　設計
進一步針對丈量結果，做出初版設計。

施工重點

重點 1：系統櫃是否歪斜

系統櫃為裁切好板材到現場組裝，若現場地板不夠平整，安裝時師傅應該要進行調整，以免系統櫃安裝完成後，櫃體看起來歪斜。

重點 2：門片縫隙是否過大

一般來說門片應該密合，因此若出現門片縫隙過大情形，有可能是一開始門片尺寸裁切就不對，也可能後續安裝師傅安裝不確實或是安裝錯誤，現場應該請師傅重新調整。

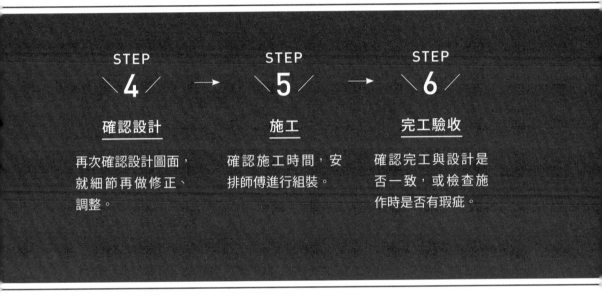

STEP
\4/   →
確認設計
再次確認設計圖面，
就細節再做修正、
調整。

STEP
\5/   →
施工
確認施工時間，安
排師傅進行組裝。

STEP
\6/
完工驗收
確認完工與設計是
否一致，或檢查施
作時是否有瑕疵。

重點 3：五金安裝確實

軌道、絞道等五金裝好後，應測試使用起來是否順暢，以及使用的五金品牌是否
與當初討論一致，櫃子內部的螺絲，則要確認是否有鎖緊、鎖對位置，或有無導
致板材表面破損。

重點 4：要做收邊

當系統櫃完成後，會和天花、牆面出現縫隙，安裝師傅應該以矽利康做收邊動作，
如此一來可讓完成面看起來更美觀。

空間設計暨圖片提供｜Thinking Design 思維設計

整面櫃牆＋獨立餐櫃，滿足大量收納

由於玄關、餐廚位在同一軸線上，從玄關開始一路沿牆設置整面的系統櫃，近玄關區域安排大型物品的收納，能放置行李箱或家電，靠近餐廚則嵌入電器櫃與冰箱，同時再設置一座獨立餐櫃，既能當玄關屏風，面向餐廳一側也多了收納。餐櫃與整面的櫃牆特意脫開 20cm 的距離，門片能半開，保留收納功能。為了讓視覺更整潔俐落，櫃體不裝門把，改留溝縫方便伸手開門。

手工藝術門板，更顯生動有質感

開放廚房安排 L 型櫃體，沿牆置頂高櫃擴增收納量，同時也多了能嵌入冰箱、電器的空間。屋主偏好中性的灰色，整體以淺灰色為主色，吊櫃選用白色提亮，上淺下深的效果有效平衡視覺，不過於沉重。門片採用手工打造的德國藝術面板，不規則的紋理讓視覺更為生動，陶土面材質摸起來有細微的溫潤手感。搭配 6mm 五金把手，細緻的金屬線條既有收邊作用，不鏽鋼質感也能成為精緻亮點。

空間設計暨圖片提供｜
欣琦翊設計有限公司 C.H.I. Design Studio

空間設計暨圖片提供｜Thinking Design 思維設計

多功能和室，收納全面布局

這間能彈性使用的和室，既能當客房，也能作為書房，在收納機能上就要全方位都考慮進來。懸浮的白色系統櫃深度做 60cm，內部安排吊桿與層板，能當衣櫃使用；一側的木牆則嵌入 30cm 深的層板，開放式的設計能作為展示區。下方則安排 40cm 深的懸浮抽屜，有效分類收納各種小型物品。順著窗下還利用系統板材打造屋主夢想的臥榻，巧妙填補窗邊畸零區，臥榻下方也做足收納。

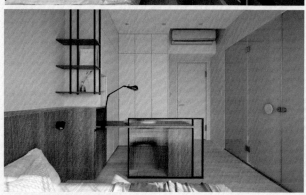

空間設計暨圖片提供｜拾隅空間設計

衣櫃與書桌形成一體，不佔空間

考量到屋主有書桌的需求，在主臥空間有限的條件下，沿牆設置 L 型置頂衣櫃，下方則嵌入書桌，形成一體的流暢設計，有效運用空間。全室鋪陳淺米的大地色系，全白的系統櫃體巧妙融入空間，自帶木質的凹凸紋理更顯自然清新，門片特地採用切割的凹把手設計，細緻的線條讓視覺更俐落。靠近床鋪的衣櫃側面則加裝鐵件層板，不僅多了展示機能，也能修飾多達 60cm 深的櫃體厚度，從床上望過去也不顯壓迫。

嵌入層板再貼鏡面，創造一致視覺

在僅有 2.5 坪的小孩房中，為了同時能容納書房與床鋪，隔間牆退縮，讓出空間安排書桌區，牆面並貼上灰鏡，透過鏡面反射適度放大視覺。牆上安排懸浮白色系統櫃，25cm深設計可收納書籍、文件，下方再嵌入 2.5cm厚層板，板材厚度足夠，即便放上多本書籍也不會出現下彎的微笑曲線。在施工上先嵌入層板，搭配壁掛螺絲鎖住，加強穩定性，接著在層板上下方各別貼覆鏡面，層板則搭配灰鏡選用深灰色系，視覺更顯一致自然。

空間設計暨圖片提供｜一它設計

廚櫃切斜面，修飾櫃體厚度、美化端景

沿著開放廚房打造 L 型櫃體，以系統櫃桶身為主體，順應英倫風的設計主軸，門片採用實木線板，刻畫歐式古典線條，同時烤漆英國藍，深沉的藍色調自然散發優雅高貴質感。由於吊櫃深度僅有 35cm 深，沿著吊櫃向外延伸出藍色線板天花，與下方的 60cm 深的櫃體平行，讓整體視覺更協調一致。至於櫥櫃側面則採用斜面櫃體銜接，巧妙修飾櫥櫃厚度，坐在沙發上不會顯得視覺有壓迫感，中央鏤空的展示台面也成為進入空間的美麗端景。

空間設計暨圖片提供｜一它設計

空間設計暨圖片提供｜拾隅空間設計

入柱櫃門，
勾勒躍動的幾何線條

為了避免淨白牆面單調無趣，在書房安排整面系統櫃，賦予空間機能。櫃體門片刻意採用「入柱」作法：將門片嵌入櫃體，露出四周板材側面，不僅勾勒出錯落的幾何線條，豐富躍動層次，搭配拍拍手五金，無把手設計更顯乾淨利落。門片選用白色木紋，帶有紋理質感，增添自然清新的韻味；而最上方的櫃體則特意噴漆成與天花同色，色調從天花串聯到牆面，視覺一點也不突兀。

Q & A

Q-1
系統櫃和木作櫃比起來，真的比較便宜嗎？

多數人都誤以為系統櫃應該比木作櫃來得便宜，嚴格來說，兩者之間的費用根據櫃體形式、內部五金配件以及造型繁複度而有所不同，系統櫃雖然比起傳統木工方式，省去上漆、貼皮、木作師傅工錢等費用，但每家系統家具使用的板材品牌等級各有差異，如果選擇等級最好的 F1 板材，搭配的鉸鏈、滑軌又都是進口品牌，那就算是一樣的規格、尺寸，系統櫃不見得會比木作櫃體便宜，甚至可能還會更貴。

不過假如考量點在於精簡預算，建議只要櫃體造型不要太過複雜，而且沒有超過標準尺寸，也避免選擇特殊花紋的表面裝飾，抽屜、拉籃等五金以國產品牌為主，著重於收納機能的基本需求上，通常會比木作櫃省一些費用。

另外，系統櫃是在工廠裁切、封邊，再到現場進行組裝，相較木作必須實際在工地現場人工裁切、塗膠等，更能省去裝潢時間，也沒有機器噪音、粉塵瀰漫的問題。

空間設計暨圖片提供｜實適空間設計

若想精簡預算，櫃體造型不要太複雜，也要避免選擇特殊花紋的表面裝飾，抽屜、拉籃等五金以國產品牌為主。

空間設計暨圖片提供｜實適空間設計

板材爲系統櫃主體，應根據需求做挑選原則，其中濕區板材特別要強調其抗潮能力。

Ｑ2 系統櫃的板材主要有哪些？

　　系統櫃板材大致上可包含以下四種：塑合板、木心板、發泡板、密底板。其中系統櫃最常使用的板材爲塑合板，其製作過程是將木材打算成纖維粒片狀，再透過高溫高壓的特殊膠壓製而成，所以膠合密度高、孔隙也很密實，因此具備不易變形、防潮、耐壓等特性，也由於高溫熱壓的程序使得板材內的蟲卵無法生存，在於防蟲蛀的效果上更勝於其它板材。

　　木心板的組成則是分成三層，上下兩層爲薄木片、中間主要構成是實木條拼接而成，具有防潮、耐壓、堅固、穩定性佳優點，也是木工裝潢普遍使用的板材之一。再來是發泡板，其實爲 PVC 塑料製成，因此100％防水防潮，經常被使用於浴室櫃體、洗衣陽台的置物櫃等，表面同樣爲熱壓美耐皿處理，也有耐刮、易清潔特色。最後的密底板，亦有人稱密集板，爲回收木材廢料的木屑磨成粉，也是採熱壓膠合製作而成，然而密度低、所以易切割或雕刻，但缺點是不防水怕潮。

Q3

系統家具可以訂製嗎？

　　過去一般人對系統家具的刻板印象，不外乎造型單調、呆板，只能方方正正，設計感不足，但其實隨著板材的製程、加工技術演進、面材樣式種類增加等，系統家具早已跳脫以往的單一性，不但可以做出特殊造型、量身訂製的設計，而且就連天花板、格柵屏風、修飾樑柱都能透過系統家具完成。

　　首先是裁切塑型的技術提升，不論是斜角、圓弧，甚至包括具象的雲朵、彩虹等造型也都能根據你的需求量身打造，當然這些訂製款價格也會比一般規格品來得高；板材亦可裁切爲一根一根的線柱狀，透過排列設計卽可變成天花板或是隔屏。

　　除此之外，隨著設計師的巧妙與多元運用手法，系統家具也能塑造出如木工訂製般富有變化性。譬如選用表面刻溝處理的歐式門片作爲廚具吊櫃，吊櫃不全然爲封閉式，而是局部搭配開放式層架設計，可創造出活潑的北歐鄉村氛圍，或者是結合鐵件、玻璃、鐵網等異材質的組合概念，讓設計更爲靈活。

空間設計暨圖片提供｜實適空間設計

隨著板材的製程、加工技術演進、面材樣式種類增加等，系統家具可做出特殊造型，甚至量身訂製的設計。

Q4 系統家具可以拆卸，搬家可以不用再重做？

確實是可以的，因為系統家具算是模組化概念，工廠製造後再送到現場組裝，所以事後要拆掉重新安裝沒有問題，可重複使用特性還能符合環保、減少資源浪費。

但有幾個注意事項要提醒大家，首先是應委託專業的系統家具廠商進行拆卸、組裝，並針對新空間評估是否適用，若發生因地制宜的情況，通常會產生更改設計的衍生費用，若拆裝、重新設計費用過高，不見得比較划算。

除此之外，假如當初安裝的時候是搭配木工做收邊，拆卸時可能會破壞、毀損到原本的收邊材料，後續需要再做修補，此時會產生補料的費用，又或者是發生破損的部分是否還能找到相同的板材銜接等問題。

另外是拆卸、安裝費用，一般會根據櫃體尺寸（高櫃、矮櫃、吊櫃）而異，最後還有一筆搬運費，然而每家廠商的價格不一，這些都是決定拆裝系統家具之前要詢問清楚的細節，避免衍生的總價不如預期。

Q5 如何決定該選系統家具還是木作？

這個問題相信是許多裝潢屋主心中的糾結，其實系統家具、木作各有其優缺點，不妨從幾個層面來做選擇。以價格來說，如果撇除進口五金、高等級板材、特殊造型，系統家具由於板材皆在工廠裁切完成，只需到現場組裝，比起貴在「工」的木作，程序多工期長，相對會便宜一些。

再來是如果有裝潢時間急迫性，特別現在住宅管委會法規嚴謹，平日能施工時間受限，此時就非常適合選用系統家具，因為通常組裝時間大約只要 3 ～ 5 天即可完工，但木工工序繁瑣，花費時間也會拉長許多。

此外，如果是很在意甲醛含量的人，系統家具多為低甲醛材料，比起木工裁切粉塵多、用膠上漆等易產生揮發性物質，也會更安全健康一點，又假使有換屋計畫的考量，木作一般都是固定位置、較難拆卸移動，而系統家具可拆卸重新安裝、組合性高的特性，對於搬家後想再次使用也是一大特色。

Q 6

系統家具廠商那麼多，
挑選重點有哪些？

目前系統家具廠商大致上分成幾類，大衆熟知的品牌：如歐德傢俱、三商美福、綠的傢俱、IKEA 等，以及系統家具設計師、工廠直營的系統家具廠商。

大衆品牌的優點是品質穩定，擁有固定的施工團隊，服務也較完善，使用上若有任何問題都能獲得協助，但要注意的是每家品牌提供的板材與五金保固年限不盡相同，有些板材保固 5 年，有的卻保固長達 10 年，這些都是確認合約時需注意的細節。至於系統家具設計師，這類廠商通常擁有室內設計相關背景，規劃空間時會納入屋主需求與思考生活動線做完整評估，有時候也會適當結合木工團隊，讓木作與系統櫃結合，而不單單只是只用系統櫃。

工廠直營的系統家具則又分爲二種，一種是與設計公司配合，一種是也會對外承接案件，好處是由於沒有獨立門市，經營管銷成本低，消費者端可用較平實的價錢獲得服務，但後續的服務或保固相對也得留意，另外板材與五金品牌的選用建議請對方出示保證書，確保品質無慮。

空間設計暨圖片提供｜實適空間設計

最好選擇常見且較有信用的系統家具廠商，並確認是否有後續保固及保固年限。

Q7

系統家具和木作差別在哪裡？

先從材質層面來看，系統板材是塑合板，打碎的木屑用模具高溫高壓製成，外層再壓合一層美耐皿，台灣目前許多系統家具廠商都主打歐洲 E1 V313 環保綠建材，健康無刺鼻味且防潮，而木作板材常用的有夾板、木心板，夾板是薄木片上膠壓合，木心板是夾板中間夾實木拼板，表面通常會再做貼皮加工，木心板黏著劑較為人詬病的是多半含甲醛等化學物質，若要使用低甲醛材料，價格會再高個二成左右。

接著從設計面來分析，木作櫃能徹底依照需求量身訂做，造型樣式的變化性確實相對系統櫃高一些，雖然系統櫃也可以修飾畸零空間，但木作更能充分地利用空間，提供更多的收納機能。再者是品質的穩定度，木工的施作品質會因師傅手藝產生落差，譬如後續上漆、油漆或貼皮，然而系統櫃的板材、噴漆等都是自動化生產，品質自然穩定許多。兩者各有優異之處，並非只能單一使用系統櫃或木作，根據需求、收納櫃特性相互搭配使用，也是近期裝潢的趨勢。

空間設計暨圖片提供｜實適空間設計

木作和系統家具皆有其優缺點，要看個人需求以及預算面做衡量。

系統櫃也能配合空間風格嗎？

絕對沒問題！系統板材的花紋樣式種類非常衆多，常見花紋如木質紋、亞麻布質紋、皮革紋，以及近些年擬眞度極高的大理石紋和仿清水模，其中光是木質紋就囊括楓木、橡木、柚木、梧桐木等等，不同木種的紋路也有所差異。

所以如果想要奢華一點，建議可搭配特殊皮革壓紋，喜歡溫潤一點的質感，就適合選搭仿布紋面材，若偏好北歐風，可選淺色木紋做爲空間的主色調，想現代摩登一點，就選搭大理石紋，櫃體立面的設計上則以簡約平面爲主，規劃爲隱藏暗門門片的形式也沒問題，仿清水模則適用如工業風、LOFT 風。

另外如果是喜歡鄉村風、新古典的屋主，門板樣式也包含許多線板、刻溝、古典百葉等千變萬化的花樣可供選擇，甚至也有融入烤漆鐵網的系統門板，亦可打造成爲工業風氛圍，所以其實只要根據風格的特色挑選板材花紋與樣式，系統櫃並沒有特殊風格的限制。

空間設計暨圖片提供｜實適空間設計

系統板材花紋樣式種類衆多，不只表面花紋擬眞度極高，還可根據古典、鄉村風等風格，做出線板、刻溝等變化。

系統家具尺寸固定看起來都很呆板，可以做出變化嗎？

空間設計暨圖片提供｜實適空間設計

讓系統家具最簡單做出變化，就是搭配玻璃、鋁框、鐵件等材質的門片，再結合燈條光線設計，改變過去呆板印象。

　　系統家具過去給人的印象就是質感、造型變化都不如木作櫃，其實隨著技術與工法的進步，系統板材不斷推陳出新，其廣泛使用的程度已經超乎預期。

　　以造型來說，以往大家都認為木工才做得出曲線，但其實現在的系統板材也能使用特殊的裁切、施作工法，創造出弧形的效果，另外甚至也有廠商開發出格柵板材，可運用於天花板、牆面、櫃體等處，比起過去單一的運用更為豐富。

　　再者是在於運用與搭配的設計手法上，即便是一樣尺寸規格的系統板材，藉由堆疊、交錯的施作拼貼，就能再次擴充延伸板材的多變性，譬如以系統板材打造書櫃層架，其實亦可預留鐵件、鐵管的尺寸，就能讓層架多了立體視覺變化，又或者是利用不同紋理板材做出場域的界定之外，也能提升整體設計感，而最普遍讓系統家具沒有系統感的作法，是利用系統板材為桶身，但門板可搭配玻璃、鋁框、鐵件等材質，再結合燈條光線的設計，就能顛覆呆板的制式印象。

$\stackrel{\circ}{=}10$

系統家具板材有分等級，
這些等級怎麼區分？

空間設計暨圖片提供｜賁適空間設計

可從板材表示的 E1、E2
看出板材甲醛含量，含量
愈低價格愈高。

　　很多人裝潢時選擇系統家具的一大原因就是板材甲醛釋放量低，沒錯，因此在選擇系統家具板材時其中一個指標就是板材的甲醛量標準，台灣目前進口的塑合板板材多數都來自歐洲，而歐盟的規範標準只到 E1 等級，甲醛含量 ≦ 1.5mg/L（0.1ppm 以下），對照台灣 CNS 為 F3、日本 JIS 標準則是 F★★（2 顆星），然而根據台灣 CNS 與日本 JIS 的標準來看，甲醛釋放量最低的是 ≦ 0.3mg/L，也就是 F1 與 F★★★★（4 顆星），選購時直接請廠商出示證明是最有保障的方法，目前台灣有 F1 等級的板材包括幾個系統家具品牌用到的 EGGER、KAINDL 等等，當然甲醛含量愈低，價格成本相對也會比較高。

　　坊間最常看到的 V313、V100、V20 防潮等級，實際上是一種耐濕循環的測試方法，然而目前歐洲的塑合板一律使用歐規 EN DIN312 來區分板材用途及種類，其中 P3（適用於潮濕環境）是台灣市面上常見的防潮塑合板，建議購買前先確認甲醛與防潮等級為佳。

甲醛含量	台灣 CNS2215	日本 JISA5908	歐盟 EN120
≦ 0.3mg/L	F1	F★★★★	
≦ 0.5mg/L	F2	F★★★	
≦ 1.5mg/L（0.1ppm 以下）	F3	F★★	E1

Q 11 系統櫃板材的承重、耐用度好嗎？大概多厚比較適當？

　　系統板材使用的塑合板是木塊打成碎屑再壓合而成，最後表面再貼上美耐皿材質，相較於木作用的木心板是小木塊組成，結構力相對也會比木屑壓合來的強，所以確實在承重能力來說，系統板材比木作板材弱一些，因此只要層板跨距過長，但又要放置大量書籍，就容易發生板材凹陷、變形的問題，通常系統板材建議 80 〜 100cm 距離就需要支撐腳。

　　但即便如此，也不代表就不能使用系統板材做書櫃，只要選對適當的板材厚度，並且將跨距、結構性一併納入考量，就能避免因時間久後承重不足而形成「微笑曲線」，一般來說，書櫃的系統板材建議選用 25mm（一般桶身多用 18mm），跨距大約介於 60 〜 70cm 為原則，若要再加強結構性的話，也可以於櫃體增加鐵件、鋼構等作為支撐，倘若因設計上需超過 70cm 跨距，那麼也最好加裝立板分散板材的承重力。

Q 12 畸零空間就無法使用系統家具嗎？

　　雖然系統家具是屬於規格化的板材，但根據現在的裁切、工法演進、五金多樣性，再加上設計師的創意運用，其實就算是畸零空間也能使用系統家具。以下將針對不同的畸零空間提出建議解決之道，舉廚房為例，常見 L 形或是 ㄇ 型廚櫃的轉角空間是最難以被利用的，此時可搭配轉角五金，如轉盤或是大小怪獸配件，即可化解且增加收納機能。

　　再來是房子本身既有的內凹畸零空間，凹角處可內嵌系統櫃體之外，再結合一側以系統板材規劃為臥榻，如此一來不但可以滿足收納需求，又能多創造出悠閒舒適的休憩角落。

　　另外如臥房床鋪常見壓樑所產生的畸零空間問題，亦可透過系統吊櫃給予化解，選用隱藏式按壓拍拍手五金，搭配淺色系統板材，既淡化櫃體壓迫性也增加了超乎想像的儲物空間。除此之外，利用板材規劃為層架、書桌量體等多元形式，試著想像如拼組樂高的方式，板材亦可靈活堆疊成不同的家具物件。

Q13

系統家具的安裝方式是什麼？可多次拆卸使用嗎？牢固嗎？

　　系統櫃的板材都是在工廠裁切後再送至現場組裝，一般會先將板材根據使用的空間先進行分料的動作，放置到接下來要組裝的場域，首先當然是先安裝櫃體桶身，依序會將側板、頂板用特製的螺絲鎖好，櫃體組裝好之後也會在下方裝上調整腳，確認並調整櫃體具有良好的垂直水平，若有踢腳板也一併在此階段完成，再來就是處理需要收邊的部分，如果櫃體與天花板之間需要切齊，也會訂製系統板材以專用收邊膠進行固定，接下來就是安裝門片、抽屜、把手、層板等櫃體內部的物件，把手不先安裝是為了避免運送過程中碰撞產生損傷，最後壁面與櫃體間會再以矽利康收邊。

　　由於系統櫃必須和木作、水電油漆等工程相互配合，建議還是委託系統家具廠商或是設計師規劃整合相關工程較為理想。而由於板材拆卸過程容易有受損情況發生，建議拆裝次數不要超過兩次為限。

空間設計暨圖片提供｜實適空間設計

系統家具若想拆除再做利用，建議最好請專業廠商近行卸除，以免發生損傷。

Q14

選用系統櫃要怎麼做可以比較省？

　　系統櫃組成就是板材再加上五金配件，板材用得愈多當然價格相對也會愈高，另外現在板材特殊紋理的選擇也很多，愈特殊、精緻的表面處理也會讓整體預算提高，像是金屬板材、仿清水模板材就會比木質紋貴，所以如果有預算上的考量，建議考慮使用素面簡約的系統板材，然後儘量少做過於複雜的造型，即可掌控預算。

　　除此之外，以現在的裝潢趨勢來說，空間也不是要做滿做多才是好看，審視自身對於收納的需求，譬如說客餐廳之間可以利用鏤空系統櫃取代隔間，又可同時提供兩個空間的收納性，又好比餐具櫃、書櫃僅量可省略底板、或是門片的做法，用開放式的系統櫃體形式，五金配件上也可以思考是不是有其必要性，或者是不一定要用一線進口品牌，轉而從台灣品牌去挑選，五金的產地價差可是很大的，藉由這些省略的做法都可以達到精簡預算的效果。

Q15

找系統家具公司會幫忙規劃嗎？還是要請裝潢的設計師？

　　其實不管是系統家具廠商或是室內設計師都可以協助規劃，但要注意的是，部分規模比較大的系統廠商會有設計師負責整體規劃，也不見得每家都有提供此服務，溝通洽詢階段應先確認清楚，另外選擇廠商的時候，可多先上網做功課，看看其他網友的評價，詢價過程當中也要了解提供的服務內容有哪些、是否有專門的施工團隊、保固與售後服務又包含哪些。

ST DESIGN STUDIO

0975-782-669

hello@stdesignstudio.com

台北市大安區敦化南路二段 46 號 9F-14

一它設計

03-733-3294

itdesign0510@gmail.com

苗栗市勝利里 13 鄰楊屋 20-1 號

禾禾設計

02-2518-5208

idleading@gmail.com

台北市中山區長安東路二段 77 號 2 樓

欣琦翊設計有限公司 C.H.I. Design Studio

02-2708-8087

chidesign7@gmail.com

台北市大安區四維路 208 巷 16 號 4 樓

Thinking Design 思維設計

04-2320-5720

threedesign63@gmail.com

台中市西區五權西六街 82 巷 14 號

DESIGNER DATA

拾隅空間設計

02-2523-0880

service@theangle.com.tw

台北市中山區松江路 100 巷 17 號 1 樓

庵設計

0911-366-760

an.yangarch@gmail.com

新竹縣竹東鎮民德路 64 號 12 樓之 2

晴空間

0988-151-980

sundesign980@gmail.com

桃園市中壢區領航南路四段 31 號

構設計

02-8913-7522

madegodesign@gmail.com

新北市新店區中央路 179-1 號 1 樓

室內裝修基礎課

2021 年 06 月 01 日初版第一刷發行
2022 年 08 月 01 日初版第三刷發行

編　　著　東販編輯部
編　　輯　王玉瑤
採訪編輯　Fran Cheng・Eva・JENNY・王玉瑤・喃喃・陳佳歆
封面・版型設計　謝小捲
特約美編　梁淑娟
發 行 人　南部裕
發 行 所　台灣東販股份有限公司
　　　　　＜地址＞台北市南京東路 4 段 130 號 2F-1
　　　　　＜電話＞(02)2577-8878
　　　　　＜傳真＞(02)2577-8896
　　　　　＜網址＞http://www.tohan.com.tw
郵撥帳號　1405049-4
法律顧問　蕭雄淋律師
總 經 銷　聯合發行股份有限公司
　　　　　＜電話＞(02)2917-8022

室內裝修基礎課 / 東販編輯部作.
　-- 初版 . -- 臺北市：
臺灣東販股份有限公司 , 2021.06
176　面；18×24 公分
ISBN 978-986-511-770-2（平裝）

1. 室內設計 2. 建築材料 3. 施工管理

441.52　　　　　　　　　　　　　　110005129